Klaus Kramer

Installateur – ein Handwerk mit Geschichte

*Ein Bilderbogen der sanitären Kultur
von den Ursprüngen bis in die Neuzeit*

ISBN 3-9805874-2-8
© Klaus Kramer, Schramberg 1998

Herausgeber: Hansgrohe Öffentlichkeitsarbeit, D-77757 Schiltach
Text, Gestaltung, Koordination, Verlag: Klaus Kramer, Schramberg
Titelgestaltung: MR&H, Freiburg
Druck: Straub Druck, Schramberg

Den Fachleuten gewidmet,
die sich um ein besseres Bad bemühen

Inhaltsverzeichnis

Rohr oder Rad?	9
Blei – der Vater aller metallischen Substanzen	12
Die Sklaven des Bleis	18
Blei als Baustoff in Vorzeit und Antike	23
Wasserführung – Grundlage der Zivilisation	26
Sanitärstandard als Gradmesser der Kulturen	34
Heiliges Quellwasser für römische Städte	37
Römische Castelli und Reservoire	43
Blei für wasserführende Installationen	45
Bäder und sanitäre Einrichtungen römischer Villen	52
Aquarii, Installateure und Ingenieure	61
Blei in nachrömischer Zeit	67
Die Wasserversorgung mittelalterlicher Städte	68
Deicheln – die Rohre des Mittelalters	79
Badegefäße aus Holz	86
Der Beginn des Eisenhüttenwesens und die Nutzung der Wasserkraft	91
Die Entstehung und Verbreitung der Weißblechproduktion	99
Der Weißblechner	112
Die ersten Leipziger Klipper-Innungs-Artikel vom 28. April 1652	121

Der Gürtler oder Spengler	126
Der Kupferschmied	133
Von Bleigießern und Rohren aus Blei	141
Die regional unterschiedlichen Bezeichnungen des Weißblechners	151
Walzwerke ermöglichen die Produktion gleichmäßiger und größerer Blechtafeln	153
Das Handwerk des Klempners an der Schwelle des 19. Jahrhunderts	157
Zinkblech eröffnet neue Aufgabengebiete auf der Baustelle	172
Amerikanische Blechner rationalisieren das Handwerk	184
Gas – Wasser – Elektrizität verändern den Alltag und begründen einen neuen Beruf	195
Nahtlos geschmiedete Eisenrohre	205
Der Kampf der kleinen Werkstätten ums Überleben (1870-1896)	209
Fortschritt durch Solidarität und Bildung	218
Lebensbedingungen der Klempner und Installateure Anfang des 20. Jahrhunderts	228
Die Sanitärinstallation setzt sich durch	235
Bibliographie	242
Abbildungsnachweis	246

Rohr oder Rad?

Das Entstehen der ersten Zivilisationen wird unter anderem darauf zurückgeführt, daß sich der seßhaft gewordene Mensch Wasserversorgungssysteme aufbauen und allgemeingültige Regeln für die Nutzung und Verteilung des lebenswichtigen Nass schaffen mußte. Geschickte Handwerker, die sich mit der Trinkwasserversorgung befaßten und hierin erstaunliche Fertigkeiten entwickelten, hat es bereits vor über sechstausend Jahren gegeben. Wissenschaftler vertreten heute die Meinung, daß die Entwicklung des Rohres für die Fortentwicklung der menschlichen Kulturen von größerer Wichtigkeit gewesen sei, als die Erfindung des Rades.

Seit Anbeginn veränderte sich die Technik in der Wasserversorgung beständig. Das Grundmaterial unterlag dem permanenten Fortschritt und den Gegebenheiten der jeweiligen Epoche. So mußte sich der mit der Wasserführung Beschäftigte, anders als die Angehörigen der übrigen Kulturberufe, immer wieder den neuen Möglichkeiten anpassen, gleichgültig ob der Handwerker nun römischer Aquarius, mittelalterlicher Meister der Wasserkunst, Röhrenmeister, Bleier, Klempner oder auch Gesundheitstechniker genannt wurde. Gleich blieb über die Jahrtausende allein die Verwendung zylindrischer Hohlformen zur Führung des Lebenselements Wasser.

Vor gut einem Jahrhundert etablierte sich das Kunstwort 'Installateur' für jenen Zweig des Klempnerhandwerks, der sich auf die Verlegung von Gas und Wasser sowie auf die Installation von Sanitäreinrichtungen spezialisiert hatte.

Rohr und Wasser waren jedoch stets nur die sichtbaren Arbeitsmittel, die eigentlichen Produkte des Handwerks heißen Hygie-

1901 wurde das heute weltweit operierende Sanitärunternehmen Hansgrohe als kleiner Drei-Mann-Betrieb in Schiltach im Schwarzwald gegründet. Der Firmengründer Hans Grohe sen. stellte typische Klempnerwaren wie Petroleumlampen, Wetterfahnen, Messingpfannen, Ofenrohrrosetten, Weckergehäuse für die heimische Uhrenindustrie, Blechbrausen sowie Sanitärartikel aller Art her. Die Abbildung zeigt eine Anzeige des Betriebes anläßlich einer Gewerbeausstellung im benachbarten Hausach, 1904.

ne, Gesundheit und Wohlbefinden, also bessere Lebensqualität. Dies wird besonders deutlich, wenn man sich die durch mangelhafte Trinkwasserqualität bedingten Krankheiten und vernichtenden Seuchen der vergangenen Jahrhunderte vor Augen hält. Erst bessere sanitäre Einrichtungen sollten die Voraussetzung zur erfolgreichen Bekämpfung dieser Geißeln der Menschheit schaffen. Hiermit konnte die Lebenserwartung der Menschen beträchtlich gesteigert werden.

Der heutige Installateur ist bei technischen und geschmacklichen Fragen kompetenter Partner seines Kunden. Mit künftigen Arten moderner Haustechnik, wie solarer Brauchwassererwärmung und Grauwassernutzung, werden dem Handwerk neue und wichtige Verantwortungsbereiche übertragen.

Kommende Generationen werden unser Zeitalter nicht mehr an militärischen Siegen oder Niederlagen messen, sondern nach unserem Verhältnis und Umgang mit Wasser und nicht erneuerbaren Energien fragen. Hier wird das Sanitärhandwerk in Zukunft eine wichtige Schlüsselstellung einnehmen.

Klaus Grohe

Blei – der Vater aller metallischen Substanzen

Die älteste bekannte Bleifigur aus dem Osiris-Tempel, Abydos, 3800 v. Chr.

Blei in gediegener Form ist in der Natur sehr selten. In Reinform kommt es ausschließlich im schwedischen Långban vor. Frühzeitliche Bleifunde bezeugen daher immer, daß das gefundene Metall einer Epoche entstammt, in der es der Mensch verstand aus Erz Blei zu gewinnen.

Lange Zeit war man der Meinung, daß Kupfer das erste durch Schmelzen gewonnene Metall gewesen sein könnte. Kupfer kam in der Steinzeit jedoch als Fundmetall in reiner Form in der Natur vor. Der Mensch mußte es nur aufheben, um es durch hämmern in die gewünschte Form zu treiben. Als dehn- und formbarer Stein wurde schieres Fundkupfer kalt zu Schmuck und Gebrauchsgegenständen (Nadeln, kleine Meißel, Messer, usw.) verarbeitet.

Ausgrabungen in der Nähe von Çatal Hüyük in Zentral-Anatolien brachten neben kleineren Gold- und Kupfergegenständen, die aus gediegenem Fundmetall hergestellt worden waren, auch einige Perlen aus Blei zu Tage. Sie waren ursprünglich Bestandteile eines jungsteinzeitlichen Geschmeides. Die Perlen konnten ausschließlich durch Erschmelzen aus bleihaltigem Erz gewonnen worden sein. Altersbestimmungen mit der C14-Methode legen ihre Entstehungszeit auf 7000 bis 6500 v. Chr. fest; nach der neueren Bristlecone-Pine-Datierung könnten die Fundstücke sogar noch zweitausend Jahre älter sein. Auch wenn Bleiabbaustätten erst ab dem vierten Jahrtausend v. Chr. namentlich erwähnt werden, scheinen die Bleiperlen-Funde aus Çatal Hüyük zu belegen, daß die Ursprünge des vorzeitlichen Bleibergbaus in Kleinasien während der mittleren Steinzeit zu suchen sind. Zum Vergleich: Das älteste geschmolzene Kupferprodukt wird dagegen erst auf 4500 v. Chr. datiert. Ausgangsmaterial hierfür waren offenliegend vorkommende gediegene Kupferplatten, die von unseren Vorfahren eingeschmolzen wurden. Kupfer aus erzhaltigem Gestein wurde vermutlich erst um 3800 v. Chr. gewonnen. Die frühesten Bronzefunde dagegen stammen aus der Zeit um 3500 v. Chr.

Die Sumerer hatten entdeckt, daß eine Legierung aus 75-95% Kupfer und 5-25% Zinn günstigere Eigenschaften besitzt, als die reinen Grundmetalle. Das vermehrte Auftreten von Bronze leitete dann um 2500 v. Chr. das vorgeschichtliche Bronzezeitalter ein.

Man kann daher sagen, daß mit dem Erschmelzen von Blei vor rund 9.000 Jahren das Metallzeitalter und damit auch das technologische Zeitalter der Menschheit eingeleitet wurde. Diese frühen, mit Blei gemachten Erfahrungen stellen somit die Grundlagen unserer heutigen Metallurgie dar.

Weil Blei im geschmolzenen Zustand die im Erz enthaltenen Fremdmetalle ausscheidet, sprachen ihm unsere Vorfahren reinigende und gebärende Eigenschaften zu. Die Ägypter bezeichneten Blei als den *"Vater aller metallischen Substanzen"*. Unsere Vorfahren erkannten in dem Metall magische Kräfte. Häufig stand Blei dabei in enger Verbindung mit dem Tod. In vielen Kulturen war die Darstellung menschlicher Figuren aus Blei tabu, es sei denn man wollte den Dargestellten Schaden zufügen. Die Phönizier modellierten ihre Feinde aus dem blaugrauen Metall, um sie in einem rituellen Akt mit Nadeln zu durchstoßen. Sie wollten den Abgebildeten dadurch Leid zufügen. Auch ihre Todesflüche vertrauten sie bleiernen Tafeln an. Das Metall wurde auch für eine Nachrichtenübermittlung an die Götter eingesetzt. In phönizischen Gräbern fand man häufig Bleirollen in den Händen der Toten, in die Hinterbliebene Bittschreiben an die Götter eingeritzt hatten. Die Sitte, Verstorbenen in Blei geschriebene Nachrichten mit auf ihren letzten Weg zu geben, wurde in späterer Zeit vom Christentum übernommen. Hier wurden den Toten Bleikreuze auf die Brust gelegt, die beim „jüngsten Gericht" über den Namen und die Person des Verstorbenen, sowie über seine Todesart Auskunft geben sollten.

Der jüdische Geschichtsschreiber Flavius Josephus (um 100 v. Chr.) berichtete von einem ägyptischen König namens Bokchorius, der auf Geheiß seines Gottes Leprakranke in Bleibleche wickeln ließ, um sie im Meer zu ertränken. Auf diese Weise sollte sein Land vom Aussatz befreit werden.

Seit alters her wurden Urnen aus Blei zur Aufbewahrung der Asche Verstorbener verwendet. Mit der Verbreitung des Christentums,

Figurenpaar aus Blei, 2. Jahrt. v. Chr.. 'Götterpaare', zum Teil mit Kindern, waren in Anatolien häufige Motive für den Bleiguß in flachen Steinformen. Archäologisches Museum Ankara.

das die bisher praktizierte Feuerbestattung ablehnte, ging man schließlich dazu über, Tote in Bleisärgen zu bestatten. Der bleierne Sargkasten wurde samt Ornamenten und Verzierungen als große Bleiplatte gegossen, anschließend gefaltet und verlötet. Die hierbei überflüssigen Eckquadrate wurden ausgeschnitten. Der Deckel des Sarkophags wurde auf die gleiche Weise hergestellt. In Städten wie Tyrus und Sidon entstanden um 100 n. Chr. regelrechte Großproduktionen für Bleisärge.

Mit seinem hohen spezifischen Gewicht von 11,34 g/cm^3 wurde Blei bereits sehr früh zur Herstellung von Loten und Waaggewichten verwendet. Bleierne Webgewichte aus der Zeit um 5000 v. Chr. wurden entlang aller großen Fernhandelswege von Nordeuropa bis ins Industal gefunden. Durch seine seemännische Verwendung als Tiefenlot soll das Metall seinen Namen erhalten haben: Seefahrer verwendeten Bleigewichte an langen Leinen, die mit Tiefenmarken versehen waren, zum Ausloten des Fahrwassers für ihre Schiffe. Das plumpsende Geräusch, das entsteht, wenn das Lot ins Wasser eintaucht, soll dem Metall den lautmalerischen lateinischen Namen ‚*plumbum*' gegeben haben. Die älteste bekannte Darstellung einer menschlichen Figur aus Blei wurde im Tempel der Osiris zu Abydos in Ägypten entdeckt. Die rund fünf Zentimeter hohe, aus einem Bleiklumpen geschnitzte Frauenfigur wird auf 3800 v. Chr. datiert. Aus der Zeit um 2500 v. Chr. stammt die Bleidarstellung der sogenannten ‚Kappadozischen Trinität', die bei Ausgrabungen in der

Bleisarkophag, 100 n. Chr..
Badisches Landesmuseum, Karlsruhe.

prähistorischen Hethiterstadt Gül-Tépé gefunden wurde. Bei der 66x36 mm großen Bleifigur handelt es sich vermutlich um ein Votivobjekt, das ein Götterpaar mit Gotteskind darstellt. Diese vorchristliche Götterplastik gilt häufig als eine Vorform der Heiligen Familie. Wie viele andere prähistorische Votivfiguren, die man in der Nähe von Tempeln fand, wurde die Dreiergruppe vermutlich in Massenproduktion mittels einer einfachen Steinform gegossen. Der von den Sumerern bis zu den Griechen reichende religiöse Brauch, Andenken und Tempelopfer aus Blei in flachen Negativformen zu gießen, lebte zu Beginn des 11. Jahrhunderts in Europa wieder auf. Im Mittelalter galt es als religiöser Brauch, Blei-Devotionalien wie Altartäfelchen, Pilgerzeichen, Heiligenfiguren und christliche Symbole an geweihten Stätten zu erwerben und möglichst schwer beladen damit nach Hause zurückzukehren.

Die oberen Gesteinslagen bleireicher Erzvorkommen führten in der Regel auch einen großen Anteil Silber. Dieser Silberreichtum nimmt nach der Tiefe hin ab. Vermutlich war das seinen Glanz bewahrende Silber ursprünglich weit mehr begehrt, als das eher un-

Bearbeiteter Stein als Gießform und die 'Kappadozischen Trinität' genannte Figurengruppe, um 2500 v. Chr.. Louvre, Paris.

scheinbar wirkende Blei. Die Menschen hatten jedoch beobachtet, daß sich das Blei bei längerem Erhitzen in Silber verwandeln konnte und daß hierbei eine zähflüssige Masse ausgeschieden wurde, welche die irdenen Teile der Feuerstelle mit einer brauchbaren, wasserundurchlässigen Glasur überzog. Heute ist uns diese Glasur als Bleioxyd oder Bleiglätte bekannt.

Der Wunsch der Menschen, die aus Gestein gewonnene Blei-Silberlegierung in Bleiglätte und metallisches Silber zu spalten, schuf die Grundlagen der komplizierten Hüttenkunde, der Raffination, d.h. der Zerlegung einer Legierung in ihre Bestandteile. Urfunde aus Bleiglas aus der Zeit um 5000 v. Chr. beweisen, daß derartige Kenntnisse schon sehr früh vorhanden waren. Keilschrifttexte aus Assur, niedergeschrieben um 2000 v. Chr., bezeichnen die Trennung einer Blei-Silber-Legierung bereits als eine *„sehr alte Methode"*.

Assyrische Kaufleute benutzten zu jener Zeit Blei in Form von Ringbündeln als Zahlungsmittel. Sie unterhielten einen lebhaften Handel, indem sie einheimisches Blei und Silber gegen Zinn für die Bronzeherstellung sowie gegen Bekleidungsstoffe eintauschten. Als Zahlungsmittel dienten vermutlich um 1300 v. Chr. auch die Bleimarken mit erotischen Darstellungen, die man bei Ausgrabungen in der Nähe des Ischtartempels in Assur fand. Wahrscheinlich regelte man mit ihnen als Steuermarken den Verkehr mit den Tempelhuren der altmesopotamischen Göttin der körperlichen Liebe, der Fruchtbarkeit und des Krieges. In Blei gegossene Münzen fanden in der gesamten alten Welt von Griechenland bis Indien und sogar bis Japan Verwendung.

Laurion, südlich von Athen, am äußersten Südzipfel der attischen Halbinsel gelegen, galt als eines der bedeutendsten und ältesten Bergbaugebiete der antiken Welt. Von den heute dort noch existierenden 2.000 Bergwerkschächten weisen einige Teufen (bergmännische Bez. für Tiefen) von bis zu 130 m auf. Ausgrabungen belegen, daß hier bereits im 3. Jahrtausend v. Chr. nach Erz geschürft wurde. Wissenschaftler vermuten jedoch, daß die Anfänge des Bleibergbaus auf der Halbinsel bis ins 5. oder 4. Jahrtausend zurückreichen. Die Erzsuche auf Laurion galt jedoch weniger dem in großen Mengen vorkommenden Blei, sondern dem im Bleiglanz enthaltenen hohen Silberanteil, der mit 400 bis 25.000 g pro Tonne Gestein angegeben wird. Der Höhepunkt des Bleiabbaus auf Laurion wird für das 5. Jahrhundert v. Chr. angenommen. Zwischen 460 und 431 v. Chr. soll der jährliche Ausstoß von Werkblei bei 8.000 Tonnen gelegen haben. Hierfür mußten 150.000 Tonnen Erz und taubes Gestein gebrochen und bewegt werden. Man schätzt, daß zu dieser Zeit in den Gruben von Laurion mindestens 10.000 Arbeiter, ausnahmslos Sklaven, beschäftigt waren. Die vorgefundenen Schlakkenhalden lassen annehmen, daß auf Laurion in vorchristlicher Zeit 1.400.000 Tonnen Rohblei und daraus 3.500 Tonnen Rohsilber erschmolzen wurden. Die Minen waren im 5. Jahrhundert v. Chr. die Grundlage für Athens Reichtum und Macht.

Blei diente den Griechen auch dazu, sich militärische Vorteile zu verschaffen. Die Soldaten verwendeten es für ihre Schleuderkugeln, in die sie häufig ironische Grüße an den Empfänger ritzten. Der Geschichtsschreiber Xenophon (430-355 v. Chr.) vermerkte, daß auch die Bewohner von Rhodos für ihre Schleudern Blei benutzten und damit doppelt so weit werfen konnten wie ihre Feinde. Ihre weitreichenden Bleigeschosse machten die Rhodier in der Alten Welt zu begehrten Söldnern. Auch Cäsar wußte um die Durchschlagskraft des Bleis. Er gewann mehrere Schlachten, weil er Bleiklumpen anstelle von Steinen in die feindlichen Lager schleudern ließ.

Ein weiteres Zentrum des griechischen Bleiabbaus war die Kykladeninsel Siphnos. Besonders im Süden der Insel wurden neben dem Blei auch beträchtliche Mengen Gold abgebaut. Im 3. Jahrtausend v. Chr. erfuhr der Blei- und Silberabbau auf Siphnos eine erste Blütezeit. Noch um die Mitte des 1. Jahrtausend v. Chr. schrieb der griechische Geschichtsschreiber Herodot (490–430 v. Chr.): *„Die Macht der Siphnier aber blühte zu jener Zeit, und sie waren die reichsten unter den Bewohnern der Inseln, da ihnen auf der Insel Gold und Silberbergwerke gehörten."*

Der 'Stein von Linares' zeigt eine Gruppe Bergarbeiter mit Keilhaue und Öllämpchen beim Einfahren in die Grube. Der Stein wurde 1875 in einem Haushalt entdeckt, er diente dort als Waschbrett. Der Fund stammt vermutlich aus der Zeit 200 v. Chr. bis 200 n. Chr.. Deutsches Bergbau Museum, Bochum.

Die Sklaven des Bleis

Das erzhaltige Gestein wurde durch zermalmende Gewinnung gefördert. Mit Keilen - zunächst aus Stein, später aus Eisen - wurde so lange auf den Fels eingeschlagen, bis etwa drei bis zwölf Zentimeter große Stücke von der Felswand absprangen. Noch unter Tage wurde das Bruchgestein mit Klopf- und Amboßsteinen zerkleinert und das erzhaltige Gestein vom Abraum getrennt. Mit dem Abraum füllte man stillgelegte Grubengänge. Als Grubenbeleuchtung dienten anfangs Kienspäne. Später spendeten kleine Öllämpchen, wie sie damals auch in den Haushalten zu finden waren, ihr spärliches Licht für die Arbeit im Stollen. Die Füllmenge der Lampen war so dosiert, daß das Verlöschen des Lichts das Schichtende anzeigte.

Die in den Bleibergwerken arbeitenden Menschen waren unterschiedlichster Herkunft und sozialer Stellung. Das Spektrum reichte von freien Lohnarbeitern, Freigelassenen und Sträflingen bis hin zu Zwangsarbeitern. Der überwiegende Teil der Arbeiter bestand aus Sklaven. Freie hatten als Prospektoren, Steiger, Wäscher oder Hüttenspezialisten Weisungsfunktion gegenüber den Unfreien. Die Männer arbeiteten unter Tage und verhütteten das Erz. Frauen wurden mit Arbeiten über Tage beschäftigt. Sie sortierten brauchbares Erz von taubem Fels, zerkleinerten und wuschen das bleihaltige Gestein. Die engen Grubenvortriebe lassen darauf schließen, daß eine große Zahl von Kindern unter Tage eingesetzt wurde. Dazu vermerkte Agatharchides (200 v. Chr.): *„Die unmündigen Knaben kriechen durch die Stollen in die Felsaushöhlungen, heben die in kleinen Stückchen herabgeworfenen Felsbrocken mühsam auf und bringen sie außerhalb des Eingangs ins Freie."* Gearbeitet wurde in drei Schichten rund um die Uhr. Sträflinge und Zwangsarbeiter wurden in den Bergwerken zum Teil unter menschenverachtenden Umständen ausgebeutet. Agatharchides schilderte deren Lage folgendermaßen: *„Die Sträflinge, deren Zahl sehr groß ist, sind alle an den Füßen gefesselt und müssen Tag und Nacht ohne Pause bei der Arbeit verharren, wobei sie von jeder Fluchtmöglichkeit sorgfältig abgeschnitten sind. Die Wachmannschaften bestehen aus barbarischen Soldaten, die eine fremde Sprache sprechen, so daß keiner einen Aufseher durch Überreden oder durch Bitten bestechen kann. [...] Es ist unmöglich, alle*

Sklavenkette mit den Resten eines Beinknochens. Die eisernen Fußringe sind mit ca. 18 cm langen, starren Metallstäben verbunden. 4. Jh. v. Chr., Kamareza auf Laurion. Bergbaugeschichtliche Sammlung der Bergakademie Freiberg.

Kinder- und Sklavenarbeit in einem griechischen Bergwerk, Korinth um 600-550 v. Chr.. Staatliche Museen, Berlin.

diese Menschen anzusehen, die weder ihren Körper reinlich pflegen, noch durch ein Gewand ihre Blöße bedecken können, ohne die Unglücklichen wegen der außerordentlichen Härte ihres leidvollen Lebens zu beklagen. Denn hier kennt man keine Schonung für die Kranken, die Invaliden, die Greise und die weibliche Schwachheit, alle werden unter Schlägen gezwungen, bei ihrer Arbeit auszuharren, bis die gequälten Kreaturen an den Qualen und Plagen sterben. Wegen ihrer übermäßigen Peinigung halten diese unglücklichen Menschen die Zukunft stets für schrecklicher als die Gegenwart und warten auf den Tod, nach dem sie mehr Verlangen haben als nach dem Leben."

Mit dem Rückgang der römischer Macht ab dem 2. Jahrhundert n. Chr. endete auch für die Minen der Nachschub an rechtlosen Sklaven aus besetzten Ländern. Fortan mußte die römische Justiz durch *'damanati ad metalla'* (zu den Gruben Verurteilte) für Arbeitskräfte sorgen. Ab dem 3. Jahrhundert wurden wegen ihres Glaubens verfolgte Christen in großer Zahl zur ihrer Demütigung in die Bergwerke geschickt.

Bei der Verhüttung von einer Tonne Bleiglanz wurden 92,4 m^3 Schwefeldioxid freigesetzt. Da die Bleierze meist mit Zinkblende und Fahlerzen verwachsen waren, wurden beim Schmelzvorgang zusätzlich Zink- und Arsenverbindungen frei. Diese Gefährdung der Bleiarbeiter war den Alten wohl bekannt. Plinius: *„Während geschmolzen wird, ist es ratsam, bei der Arbeit die Zuglöcher zu verstopfen, sonst macht sich aus den Bleiöfen ein schädlicher Dunst bemerkbar. Er ist tödlich, besonders schnell für Hunde, wie alle Metalldämpfe es für Fliegen und Schnaken sind, weshalb dieses Ungeziefer in Metallgruben nicht vorkommt."* Und Al-Hamandi berichtete von Hütten seiner arabischen Heimat: *„... dort befanden sich vierhundert Schmelzöfen. Wenn sich Vögel den Minenorten näherten, fielen sie tot vom Himmel, weil sie durch das Feuer der Öfen umgebracht wurden."*

Die Tätigkeit an den Öfen führte zu schleichenden Krankheiten. Beginnend mit einer allgemeinen Schwäche und Müdigkeit (Bleidyskrasie), verursachten die Dämpfe ‚Bleigicht' in den Gelenken sowie krampfartige Koliken und führten über fortschreitendes Nierenversagen und Anämie schließlich zu einem frühen Tod. Mit hohen Auslässen der Schmelzöfen versuchte man die schädlichen Dämpfe über die Köpfe der Arbeiter hinwegzuleiten. Schutzmauern zwischen den Hochöfen und den Arbeitsplätzen der Sklaven, welche die Blasebälge bedienten, boten einen geringen Schutz. Doch nicht nur für die im Bleiabbau und der Verhüttung tätigen Menschen waren die Folgen katastrophal. Riesige Waldgebiete wurden für die Sicherung der Stollen und das Einschmelzen der Erze abgeholzt. Landschaften verödeten; Erosion und die Absenkung des Grundwasserspiegels waren die Folge. Durch den Tagebergbau wurden weite Landstriche umgepflügt. Gigantische Abraum- und Schlackenhalden ließen künstliche Mondlandschaften entstehen. Holz wurde mit hohem Kostenaufwand mit Schiffen aus Kleinasien und von den Küsten des Schwarzen Meeres eingeführt. In Athen mußte, auch als Folge des Bergbaus, im 4. Jahrhundert v. Chr. der private Holzverbrauch drastisch eingeschränkt und durch strikte Gesetze geregelt werden. Jegliche Holzausfuhr war verboten. In anderen Landesteilen wurde Brennholz empfindlich besteuert. Die allgemeine Energieverknappung bewirkte, daß man in Griechenland erstmals

Rekonstruktionsversuch der Hängenden Gärten der Semiramis, bei deren Bau 650 v. Chr., Blei als Dichtmaterial verwendet wurde.

analytisch und bewußt die kostenlose Sonnenenergie für die Erwärmung der Gebäude zu nutzen begann. Ganze Städte wurden nach dem jahreszeitlichen Stand der Sonne ausgerichtet.

Trotz der unübersehbaren Zeichen der Zerstörung wurden die negativen landschaftlichen Veränderungen zu dieser Zeit nicht als nachteilig angesehen. Die Menschen waren beeindruckt von den sichtbaren Zeugnissen ihres Fleißes. Angesichts der gigantischen Veränderungen in der Landschaft sah man sich mit einem gewissen Stolz in der Siegerrolle gegenüber der damals als übermächtig empfundenen Natur. Noch heute sind umweltbelastende Rückstände der antiken Bleiverhüttung in ganz Europa meßbar. 1995 haben französische Geologen auf Grönland in Eisschichten, die dort zwischen 500 v. Chr. und 300 n. Chr. als Schnee niedergegangen waren, extrem hohe Bleiverunreinigungen festgestellt. Sie führen diese Bleirückstände auf die antike Bleigewinnung im Mittelmeerraum zurück.

Blei als Baustoff in Vorzeit und Antike

Mit einem Schmelzpunkt von 327,4°C, nur wenige Grade unter dem Zündpunkt von Holz, war das weiche Metall prädestiniert für eine Verarbeitung vor Ort. Auf den Baustellen der alten Welt diente Blei bereits viertausend Jahre vor unserer Zeitrechnung als Dicht- und Verbindungsmaterial zwischen großen Steinquadern. Seit Beginn des 1. Jahrtausend v. Chr. wurde das Metall verstärkt auch zur Sicherung großer Steinblöcke von Gebäuden und Brücken verwendet. Das Metall diente hier als Vergußmasse für Eisen und Bronzeanker.

Im frühen Ägypten gab es bereits wasserdichte Tröge und Bassins aus Blei, so berichten uns arabische Quellen. Als die Araber im 14. Jahrhundert n. Chr. damit begannen, die von den Ägyptern angelegten Kanäle auszugraben, um die alten Wasserstraßen von Alexandria wieder in Betrieb zu nehmen, stellten sie fest, daß viele dieser Wasserwege von den Ägyptern mit Bleiplatten ausgelegt waren.

Um 650 v. Chr. ließ der babylonische König Nebukadnezar seiner aus der Bergstadt Medien stammenden Frau Amytis ein grünes Gartenparadies schaffen. Es soll eine Grundfläche von 15.700 qm bedeckt haben. Die Hängenden Gärten der Semiramis, wie Herodot sie nannte, zählten zu den sieben Weltwundern der Antike. Üblicher-

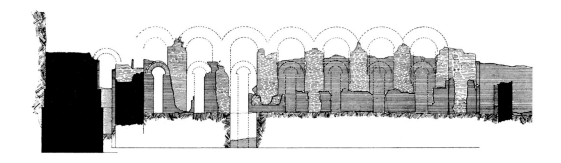

Querschnitt durch den von Koldewey in Babylon ausgegrabenen Gewölbebau. Der deutsche Ärchäologe nimmt an, daß seine Bögen einst die 'Hängenden Gärten der Semiramis' getragen haben.

weise war das Hauptbaumaterial in Babylon der gebrannte Ziegelstein. Eigens für den Bau der Hängenden Gärten ließ Nebukadnezar Naturgestein von weit entfernten Steinbrüchen herbeischaffen. Ein aufwendiges Bewässerungssystem ermöglichte einen üppigen Pflanzenwuchs sowie fließende Bäche und Teiche. Von Diodoros wissen wir, wie die auf bis zu vierzig Meter hohen Säulen ruhenden Steinterrassen gegen Sickerwasser und Pflanzenwuchs abgedichtet waren: *"... Darauf ruht zuerst eine Unterlage von Rohr mit viel Asphalt, hierauf eine doppelte Schicht von gebrannten Ziegeln in Gips verlegt und darüber eine Bleideckung."* Im Keller des babylonischen Lustschlosses fand der deutsche Archäologe Koldewey Brunnenschächte, über die er folgende Vermutungen anstellte: *"... In einer dieser westlichen Kammern liegt ein Brunnen, der in hervorragender Weise von allem, was wir sonst an Brunnen in Babylon oder anderwärts in der antiken Welt haben, abweicht. Es sind drei nebeneinander liegende Schachte, ein quadratischer in der Mitte und zwei längliche zu beiden Seiten, eine Anlage, für die ich weiter keine Erklärung sehe, als daß hier ein mechanisches*

Die Hagia Sophia, gebaut 532-537, als Krönungskirche der oströmischen Kaiser zu Konstantinopel, gilt als Hauptwerk der byzantinischen Baukunst. Der gesamte Komplex wurde ebenso wie der Petersdom zu Rom vollständig mit Blei eingedeckt.

Schöpfwerk arbeitete von der Art unserer Paternosterwerke, bei dem sich die zu einer Kette vereinigten Schöpfkästen über einem auf dem Brunnen angebrachten Rade drehten. Das Rad wird dabei durch ein Göpelwerk in dauernde Umdrehung versetzt. Die Vorrichtung, die heutzutage in dieser Gegend auch üblich ist und „Dolab" genannt wird, ergibt einen kontinuierlich fließenden Wasserstrom...".

Ein weiteres, für die damalige Zeit gigantisches Bauvorhaben war Nebukadnezars 123 m lange Brücke über den Euphrat, die um 600 v. Chr. bei Babylon entstand. Herodot berichtet, daß bei ihrem Bau Blei zum Vergießen der Steine benutzt wurde. Bleierne Ziegel wurden im Tempel Ramses III. (1193-1162 v. Chr) zu Medinet Abu dargestellt. König Hiero von Syrakrus ließ sich 264 v. Chr. unter der Bauaufsicht des griechischen Mathematikers Archimedes ein Prunkschiff mit zwanzig Ruderreihen und rund 4.200 Tonnen Nutzlast bauen. Auf dem Deck des Lustschiffes befanden sich grüne Gärten, Tempel und künstliche Gewässer. Um Muschel- und Pflanzenbewuchs zu verhindern, hatte Archimedes den Rumpf unter Wasser mit Bleiplatten beschlagen lassen.

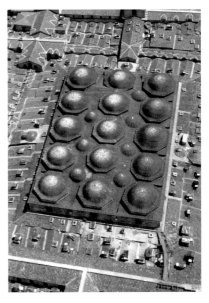

Die mit Blei gedeckten Kuppeln des Basars in Istanbul.

Gegossene Bleirohre wurden erstmals im größeren Umfang für die unter hohem Druck stehenden Talstrecken der Madradag-Wasserleitung von Pergamon verwendet. Man nimmt an, daß diese in der Blühtezeit der Stadt unter Eumedes II. (197-159 v. Chr.) entstand. Die Rohre selbst sind mittlerweile das Opfer von Metallsammlern geworden; ihre Steinlagerungen sind jedoch zum Teil erhalten. Bodenuntersuchungen im Streckenbereich ergaben, daß es sich bei der Druckleitung um Bleirohre gehandelt haben muß. Römische Geographen zählten diese Leitung zu den technischen Weltwundern. Tatsächlich waren die Planung und der Bau eine für die damalige Zeit herausragende Leistung. Das Wasser wurde aus dem mehr als 40 km entfernten Madarag-Gebirge mit einer Druckhöhe von 190 m Wassersäule auf den Burgberg von Pergamon geführt. Weder vorher noch bis ins 19. Jahrhundert hinein war Vergleichbares gewagt worden. Zur allgemeinen Trinkwasserversorgung der Städte sollten sich Rohre aus Blei besonders im Römischen Reich ab dem ersten vorchristlichen Jahrhundert durchsetzen.

Wasserführung – Grundlage der Zivilisation

Oberteil der Dioritstele mit dem Gesetzestext des Hammurabi. Der babylonische König wendet sich mit der Gebetsgeste dem Sonnengott Schamasch zu, dem sumerischen Gott der Gerechtigkeit. Zahlreiche Texte der babylonischen Rechtsprechung befaßten sich mit dem Wasser. In den Gesetzen des Hammurabi heißt es unter anderem sinngemäß: „Ein Mann, der die Instandhaltung seiner Kanäle vernachlässigt, hat bei einem Dammbruch den Schaden an den Feldfrüchten zu ersetzen, der durch seine Nachlässigkeit entstanden ist." Louvre, Paris.

Der nomadisierende Mensch der Vorzeit richtete seine Wege und seine Lagerplätze nach dem in der Natur vorhandenen Wasserangebot. Seine Rastpunkte waren Quellen, Flüsse, Wasserlöcher oder auch Seen. Spätestens mit dem Beginn der Seßhaftigkeit mußte sich der Mensch mit den Problemen der Wasserbevorratung, dem künstlichen Herbeiführen von Trinkwasser, der Ableitung des Brauchwassers und dem Verbleib seiner Fäkalien auseinandersetzen. Mit der Wahl eines ständigen Standortes mußte die einfache Möglichkeit der Verteidigung des Platzes Vorrang vor einem reichen Angebot an Trinkwasser haben. Mit dem Anwachsen der Siedlungen wurden die ursprünglich für eine kleine Horde als ausreichend bemessene Wassermenge knapp. Es mußten weitere Quellen künstlich erschlossen und deren Wasser herangeführt werden. Ebenso wichtig wie das Herbeiführen des Wassers war der Schutz der landwirtschaftlich genutzten Flächen vor Überschwemmungen und Erosion. In den weiten Tälern der großen Ströme wie Indus, Euphrat, Tigris und Nil, an denen die frühen Hochkulturen der Menschheit entstanden, gehörte Hochwasserschutz ebenso wie eine künstliche Bewässerung zu den wichtigsten Voraussetzungen für eine dauerhafte Besiedlung.

In den weitläufigen Steppen zwischen Euphrat und Tigris hatten die Sumerer bereits 3000 Jahre v. Chr. ein Bewässerungssystem geschaffen, das den von den Regen- und Schmelzwassern Armeniens verursachten Hochfluten mit mächtigen Dämmen Einhalt gebot. Das aufgestaute Wasser wurde über Kanäle, Gräben und Hebewerke dem verdorrten und nur selten durch Regen benetzten Boden zugeführt. In der Wüste schufen die Sumerer ein blühendes Paradies mit vor Fruchtbarkeit strotzenden Gärten, reichen Dattelhainen, goldenen Getreidefeldern und saftigen, nie völlig verdorrenden Weiden für ihr Vieh. Die alljährliche Ernte und der Viehbestand reichten nicht nur dazu aus, um das damalige Millionenvolk zu ernähren, sondern die Sumerer exportierten ihre Nahrungsmittel auch in die gesamte damals bekannte Welt.

Um das Eintreffen der alljährlichen Überschwemmungen besser voraussagen zu können, befragten sumerische Priester den Lauf der Gestirne. Um ihre Macht zu festigen und auszubauen, erfanden sie die Keilschrift und entwickelten die von Magie und Mythologie geprägten Naturlehren zu den ersten Wissenschaften. Eng verknüpft damit entstanden Astronomie und Astrologie. Um die Bewässerungskanäle auf den Feldern und die Bahnen der Gestirne berechnen zu können, entdeckten sie die Regeln der Mathematik. Sie lernten, wie man sich der vier Grundrechenarten bedient und wie man Potenz-, Wurzel-, Flächen- und Inhaltsberechnungen durchführt. Sumerische Rechner wußten die Zahl Pi zu nutzen und teilten den Vollkreis in 360 Grade. Landvermesser rechneten mit dem Satz des Pythagoras, 2000 Jahre bevor dieser geboren wurde.

Obwohl die Sumerer das Wasser gebändigt und blühende Paradiese mit seiner Hilfe geschaffen hatten, waren sie sich dennoch

Quellheiligtum bei Eflatun Pinar/Pisidien aus der Periode des hethitischen Großreiches, 12. Jh. v. Chr..

Als 'Spender der Fruchtbarkeit' und 'Bringer des Korns' genoß der Nil in Ägypten göttliche Verehrung:
„Wenn du grausam bist (kein Wasser bringst) so wird die Erde umgestürzt.
Große und Kleine vergehen.
Aber bei seinem Herannahen werden die Menschen froh.
[...]
Wenn du ansteigst, o Hapi,
dann wird dir geopfert.
Rinder werden dir geschlachtet,
ein gewaltiges Opfer wird dir dargebracht",
heißt es unter anderem im Nil-Hymnus.
Das nebenstehende Relief aus dem Tempel Ramses II. zu Abydos zeigt die zweigeschlechtliche Nilgottheit Hapi mit den Früchten des Feldes neben der Göttin des Gaus.

Das älteste Schöpfgerät zur Bewässerung der Felder war der Schaduf. Mit langem Hebel und Gegengewicht erleichterte die Vorrichtung die manuelle Schöpfarbeit. Ägyptische Wandmalerei aus dem Grab des Bildhauers Ipui.

ihrer Ohnmacht gegenüber den ungebändigten Fluten bewußt. Das Gilgamesch Epos erzählt von der alles verschlingenden Sintflut, die von den beleidigten Gottheiten entsandt wurde, um die ihnen gegenüber ungehorsamen Menschen zur Rechenschaft zu ziehen.

Die blühenden Paradiese Mesopotamiens sind heute Vergangenheit. Die Eroberung des Landes durch die Araber (624 v. Chr.) und verheerende Überschwemmungen führten zu einer Vernachlässigung der Kanäle. In den Jahren 1252 und 1534 unserer Zeitrechnung fielen die Mongolen über das Land her, zerstörten zahlreiche Städte und töteten eine große Zahl der Bewohner. Als die Türken das Gebiet im 17. Jahrhundert übernahmen, fanden sie nur noch Wüste und Steppen vor. Von den 76 Brücken über eine Vielzahl kleiner und großer Kanäle und Flüsse, die ein Reisender um 1300 auf der Strecke von Bagdad nach Hilleh zählte, fand man 1958 nur noch neun. Von den 20 Mio. Einwohnern, die das fruchtbare Land vor 3000 Jahren aufgrund einer hochentwickelten Bewässerungstechnik im Überfluß ernähren konnte, leben heute im Irak nur noch dreißig Prozent, zumeist in ärmlichen Verhältnissen. Der altsumerische Fluch:

„Möge dein Kanal versanden!" – ist für den größten Teil des Landes Wirklichkeit geworden.

Auch im Niltal war die alljährlich einsetzende Überflutung der Anbauflächen Grundlage für die Fruchtbarkeit des Landes. Herodot nannte das fruchtbare Land ein „Geschenk des Nils". Die alljährlich neue Vermessung der Felder, die Planung sowie der Bau von Kanälen und Deichen, die gerechte Organisation der künstlichen Bewässerung während der Trockenzeit, Aussaat, Ernte und schließlich eine allgemeine Vorratshaltung setzten eine Vielzahl von Menschen unter einer zentralistisch steuernden Autorität voraus. Diese, durch eine gemeinsame Wasserwirtschaft erzwungene Organisation gilt als die Keimzelle heutiger Staatsgefüge. Die Steuerung der gemeinsamen Aufgaben unterlag den Tempeloberhäuptern und ihren Priestern. Diese befragten die Götter und den Lauf der Sterne nach dem Zeitpunkt der immer wiederkehrenden Überschwemmungen und bestimmten die günstigsten Tage für Saat und Ernte.

Flußgöttin Indra. Nordindien, 5. Jh. v. Chr..

Ägyptische Landvermesser beim Ausmessen eines Kornfeldes. Die Beamten waren ebenso für die Planung und Trassierung der aufwendigen Bewässerungssysteme als auch für die Zuteilung der Wassermengen zuständig. Wandmalerei aus dem Grab des Mennah, 1413-1403 v. Chr..

Vasenbild einer griechischen Krene.

Die Abhängigkeit des Menschen vom Wasser und seine Furcht vor der zerstörerischen Kraft des Elementes führten somit zur Zivilisierung des seßhaft gewordenen Menschen. In den Schöpfungsgeschichten sämtlicher Völker spielte Wasser daher eine zentrale Rolle. Fluß- und Wassergötter übten stets einen großen Einfluß auf den Alltag früher Völker aus. Wie der Nilgott Hapi waren die Geister des Wassers den Menschen nicht immer hold. Riten und Kulthandlungen zur Beschwichtigung der Wassergewalten sind bis auf den heutigen Tag aus allen Kulturen bekannt. Der Glaube, zur Besänftigung der unberechenbaren Fluten Tier- und sogar Menschenopfer darbringen zu müssen, hatte bis in unser Jahrhundert Bestand. Noch heute ist der Brauch lebendig, bei der Einweihung großer Wasserbauprojekte ein symbolisches Opfer zu bringen. Quellen galten von alters her als heilig oder gar göttlich. Vorgeschichtliche Opferfunde in Quelltöpfen künden weltweit von ihrer mythischen Verehrung. Quellheiligtümer kennt man aus allen Hochkulturen. Zu den bekanntesten gehört das Quellheiligtum bei Eflatun Pinari in Zentralanatolien. Es ist ein 7x3 m messender Steinquaderbau mit mittlerweile verwitterter Relieffassade über einem künstlich angelegten Quellteich aus der Zeit zwischen dem 13. bis 14. Jh. v. Chr.. Bezeichnend für die Ehrfurcht der alten Völker vor dem Wasser ist die Beobachtung, die uns Herodot (490-424 v. Chr.) über das persische Volk hinterließ: *„Sie dürfen in keinen Fluß urinieren oder speien, noch sich darin die Hände waschen und verwehren es auch jedem anderen. So erweisen sie den Flüssen hohe Ehrfurcht."*

Thales von Milet (geb. um 625 v. Chr.), den Aristoteles zweihundert Jahre später als den Begründer der Philosophie beschrieb, betrachtete das Wasser als den Ursprung allen Seins. Thales begründete seine Aussage, *„... weil er sah, daß die Nahrung aller Dinge feucht ist und selbst das Warme aus dem Feuchten entsteht und durch das Feuchte lebt. Bei allem aber ist das, woraus es entsteht, seine Quelle. ..."*. Thales bestätigte mit seiner Aussage auch die Religion der damaligen Zeit. Die Griechen glaubten, daß der Meeresgott Okeanos und Tethys, die Mutter aller Gewässer, ursprünglich die gesamte

Maske der attischen Version des gehörnten etruskischen Flußgottes Acheloos. Marmor, 470 v. Chr..

Maske des etruskischen Flußgottes und Vaters der Quellnymphen Acheloos an einer Halskette aus hellem Gold, 550-500 v. Chr..

Welt einschließlich des Götterhimmels geschaffen hätten. Quellwasser galt ihnen als heilig, denn Okeanos und Tethys *„ließen die Götter bei dem Wasser schwören, daß sie Styx nannten; denn am ehrwürdigsten ist ja das älteste, und der Schwur ist ja das ehrwürdigste ..."*, so Aristoteles (384-322 v. Chr.) in seiner *Metaphysik*. Die griechischen Philosophen gelten als die ersten, die den weiten Schritt von einer rein mythologischen Betrachtungsweise der Natur zum rationellen Erkennen natürlicher Sachzusammenhänge wagten. Dies bedeutete jedoch nicht, daß sie ihre natürliche Ehrfurcht vor dem lebenswichtigen Element Wasser verloren hatten. Das Wort des Thales hatte auch für Aristoteles seine Richtigkeit. Er forderte für eine funktionsfähige Stadt stets eine gesicherte Wasserversorgung: *„Eine gut geplante Stadt soll soweit als möglich viele Quellen und sonstiges Wasser besitzen. Ist dies nicht der Fall, so ist dies durch den Bau zahlreicher und großer Zisternen zum Auffangen des Regenwassers zu ersetzen, damit es nie an Wasser mangelt, wenn man durch Feinde vom offenen Land abgeschnitten sein sollte. Zudem hängt die Gesundheit der Einwohner zum einen von der guten Lage und Ausrichtung des Ortes ab, zum anderen aber vom Vorhandensein von gesundem Wasser, daher darf man diesen Punkt keineswegs vernachlässigen. Denn das, was wir für den Körper am meisten und häufigsten benötigen, das ist auch für die Gesundheit am wichtigsten. Hierzu gehört eben die Beschaffenheit des Wassers und der Luft. Daher muß in gut regierten Poleis (griechischen Stadtstaaten), in denen das Wasser nicht überall die gleiche Qualität hat und in gleicher Menge vorhanden ist, dafür gesorgt werden, daß das Trinkwasser von denjenigen zum sonstigen Gebrauch gesondert gehalten wird."*

Keltische Fruchtbarkeitsgöttin Sirona aus dem Quellheiligtum bei Hochscheid im Hunsrück.

Noch 300 Jahre später beschreibt der römische Dichter und Philosoph Seneca (4 v. Chr. – 65 n. Chr.) das von tiefer Mystik geprägte Verhältnis der alten Römer zu den Quellen wie folgt: *„... Wir verehren die Ursprünge der großen Flüsse. Wo ein gewaltiger Strom plötzlich aus dem Abgrund hervorbricht, stehen Altäre, heiße Quellen haben ihren Gottesdienst und manche Seen wurden wegen ihres dunklen oder unermeßlich tiefen Wassers für heilig gehalten"*. Wie für die Griechen waren auch für die Römer Quellen geheiligte (und heilende) Wohnsitze der Quellnymphen und Feen. Um Quellen wurden heilige Haine angelegt. Prächtig gestaltete Quellfassungen und Altäre bezeugten diesen Glauben. Die Römer bauten aufwendige Fernleitungen, um das Wasser der von ihnen verehrten Quellen ungetrübt in die Städte zu leiten und der Allgemeinheit zur Verfügung zu stellen. Prunkvolle Nymphäen und kunstvoll gestaltete Laufbrunnen sollten die Geister der Quellen ehren und selbst den Eindruck von Quellen vermitteln. Dieser frühe Quellglaube hat sich mancherorts bis in die heutige Zeit erhalten. Wo einstmals vorchristliche Sakralbauten den Quellort heiligten, ragen heute häufig Kapellen und Dome empor. Die frühen Missionare pflegten die sichtbaren Zeichen ihres Glaubens mit Vorliebe auf vorchristlichen Kultplätzen zu errichten. Frühe Quellheiligtümer wurden damit zu christlichen Wallfahrtsorten umfunktioniert und haben, wie zum Beispiel Lourdes oder der Quelltopf in der Krypta des Doms von Rennes zeigen, noch heute eine wunderwirkende Bedeutung.

Das Haupteiligtum der römischen Quellnymphen befand sich auf dem Marsfeld des alten Roms. In unmittelbarer Nähe dieses *Aedes Nympharum* wurde zum Ende des ersten Punischen Krieges der angesehenen Quellgöttin und Nymphe *Iuturna* ein Staatstempel errichtet. An seinem Stiftungstag feierten alle, die beruflich mit Quellwasser zu tun hatten, das Fest ihrer Schutzpatronin *Iuturnalia*. Ebenso trug ein Quellteich auf dem Forum Romanum, dessen Wasser man eine besondere Reinheit, Wohlgeschmack und große Heilkräfte zusprach, ihren Namen. Die Quelle und das dort befindliche Heiligtum waren der Mittelpunkt der römischen Iuturna-Verehrung. Das Wasser der Quelle wurde in Rom besonders für rituelle Opferhandlungen geschätzt. In direkter Nähe des Lacus Iuturnae wurden im vierten Jahrhundert die Räume der städtischen Wasserversorgung Roms errichtet.

Lacus iuturnae, das Heiligtum der römischen Quellgöttin auf dem Forum Romanum. Iuturna war die Schutzheilige der römischen Wasserfachleute und aller, deren Beruf mit den Quellen oder dem Wasser der Teiche und Seen in direktem Zusammenhang stand.

Abb. rechts: Reste eines 4000 Jahre alten Badezimmers der Induskultur in Mohenjo Daro, Pakistan. Im Vordergrund das aus Ziegeln gemauerte Badebecken mit einer Kantenlänge von etwa einem Meter, das sich mit leichtem Gefälle durch eine Wandöffnung in den abgedeckten Straßenkanal oder eine an den Kanal angeschlossene Senkgrube entleerte. Im gleichen Raum, aus konischen Ziegelsteinen gemauert, der Brunnen. Die Brunnen waren bis zu 20 m tief. Nahezu jedes Haus in Mohenjo Daro war mit einem eigenen Baderaum ausgestattet, der vermutlich rituellen Waschungen diente. Nicht selten war im gleichen Raum auch eine gemauerte Sitztoilette mit Spülmöglichkeit angebracht, die ebenso wie das Bad an das städtische Kanalnetz angeschlossen war.

Isometrische Darstellung eines Brunnenbaderaums in Mohenjo Daro.

Sanitärstandard als Gradmesser der Kulturen

Die ältesten Rohre, die der Wasserführung dienten, fand man in der urukzeitlichen Stadt Habuba Kabira (Syrien). Die Tonrohre und Formstücke aus der Mitte des vierten vorchristlichen Jahrtausends waren Bestandteile der ältesten uns heute bekannten Wasserleitung der Menschheit. Sie gehörten zu einem Leitungssystem, das Brauchwasser auf direktem Wege aus der Ansiedlung führte. Es gibt bisher unbestätigte Vermutungen, daß ein zweites aufgefundenes Rohrsystem der Frischwasserversorgung gedient haben könnte. Aus der Mitte des 3. Jahrtausends v. Chr. stammen Tonröhren, die in Shahr-i Sokh (Iran) gefunden wurden. Etwa zur gleichen Zeit entstand im Industal ein aufeinander abgestimmtes innerstädtisches Wasserver- und -entsorgungssystem. Neu war hier, daß die Induskultur nicht Oberflächenwasser aus Quellen oder Flüssen verwendete, sondern daß man mit zylindrisch gemauerten Brunnen erstmals das Grundwasser erschloß.

Grabungen in den vorzeitlichen Städten Harappa und Mohenjo Daro (Pakistan) brachten technisch hochentwickelte Wasserver- und -entsorgungseinrichtungen aus dem 2. Jahrtausend v. Chr. an den Tag. Fast jedes Haus war mit einem eigenen Brunnen ausgestattet. Die Brunnen befanden sich innerhalb der Häuser in einem mit Ziegelfußboden ausgestatteten Raum, der zum Teil über eine Durchreiche mit dem nebenan befindlichen Waschplatz verbunden war. Einige Brunnen waren so angelegt, daß sie auch von außen zugänglich waren, so daß die Hausbewohner nicht gestört werden mußten. Der Einzugsbereich der einzelnen Brunnen betrug im Durchschnitt 16 m, eine Brunnendichte, die danach nie wieder erreicht wurde! Zum Vergleich: In gut ausgestatteten römischen Städten strebte man einen Wohnabstand zum nächstgelegenen Brunnen von 50 m an. Hochrechnungen haben ergeben, daß in ganz Mohenjo Daro rund 2.000 Brunnen existierten. Fast jedes Haus besaß einen eigenen Baderaum mit einer flachen aus Ziegeln gemauerten Wanne. Häufig wa-

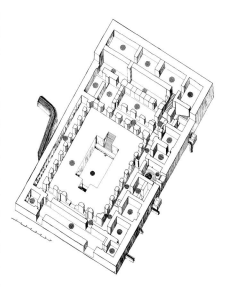

Abb. oben: Rekonstruktion des 'Großen Bades' von Mohenjo Daro. In der Mitte das Schwimmbecken, das vermutlich kultischen Handlungen diente. Bei der 1.700 m² großen Badeanlage handelt es sich um den bedeutendsten Wasserbau der Bronzezeit.

Abb. links: Das 7x12 m große und 2,4 m tiefe Schwimmbecken des „Großen Bades" von Mohenjo Daro.

Fallrohr aus Terrakotta Formstücken.

Die aus Ziegelsteinen gemauerte Kanalanlage mit U-förmigem Querschnitt war mit verschiedenen Materialien abgedeckt.

ren die Badeanlagen auch mit einer Sitzvorrichtung an der Außenmauer kombiniert, die gleichzeitig als Abtritt diente. Sämtliche Wasserverbrauchsplätze waren an die städtische Kanalisation angeschlossen. Brauchwasser und Fäkalien wurden über Hausanschlußkanäle in überdeckte Wassersammler und von dort in das Abwassersystem geleitet. Mohenjo Daro stellt somit die erste voll kanalisierte Stadt in der Geschichte der Menschheit dar. Neben einer Vielzahl privater Kleinbäder wurden in Mohenjo Daro auch die Reste eines großen, vermutlich öffentlichen Bades entdeckt. Die 1.700 m² große Anlage besaß in ihrem Innenhof ein 160 m³ fassendes Badebassin. Das ‚Große Bad' gilt als die bedeutendste Wasserarchitektur des 3. Jahrtausend v. Chr.. Man nimmt an, daß nicht einmal die wasserfreudigen Römer 2000 Jahre später den außergewöhnlich hohen Sanitärstandard der Induskulturen erreichten. In jedem Fall beschäftigt sich in den alten Indus-Städten eine große Zahl erfahrener Fachleute mit der Anlage und der Betreuung dieser Sanitäreinrichtungen.

Die große Zahl privater Baderäume mit aufwendigen Brunnenbauten und das ‚Große Bad' von Mohenjo Daro lassen vermuten, daß dem Wasser in den frühen Induskulturen eine besondere religiöse Bedeutung zukam und daß die vermutlich mehrmals am Tag durchgeführten rituellen Waschungen Gebeten gleich kamen. Dies wäre nicht ungewöhnlich, denn in Indien ist das tägliche rituelle Bad heute noch üblich. Auch der Islam verlangt vor religiösen Handlungen das Bad. Ebenso ist die Mikwe, das Bad der Juden, seit Jahrtausenden fester Bestandteil des Glaubens. Im Christentum blieb als Relikt archaischer Reinigungszeremonien das symbolische Eintauchen und Bekreuzigen mit Weihwasser, sowie das Eintauchen oder Übergießen des Neugeborenen bei der Taufe erhalten.

Die ältesten bekannten Rohre aus gebranntem Ton aus der urukzeitlichen Stadt Habuba Kabira, 4000 Jahre v. Chr..

Heiliges Quellwasser für römische Städte

Die Zeit des Römischen Imperiums gilt als Blüte antiker Technik und Kultur. Allein mit den komplexen technischen Mitteln des Verkehrs, des Brücken- und Tunnelbaus, einem hohen Stand der Organisation und einer funktionierenden Verwaltung war das antike Riesenreich, das von Portugal bis Persien und von Schottland bis Nordafrika und Ägypten reichte, zu beherrschen. Hierbei nimmt auch der hohe Stand des Städtebaus mit der damit einhergehenden Wasserversorgung eine wichtige Stellung ein.

„*So groß*", schrieb Strabo (63 v. Chr. - 20 n. Chr.), „*ist die Menge des nach Rom geleiteten Wassers, daß sich ganze Ströme durch die Stadt ergießen, daß fast jedes Haus mit Wasserbehältern,*

Kreuzung der römischen Fernwasserleitungen Aqua Marcia, Aqua Claudia und Anio Novus vor den Stadtgrenzen Roms Gemälde von Zeno Diemer, Deutsches Museum, München.

Rekonstruktion der Brunnenstube der römischen Eifelwasserleitung nach Köln. Im Vordergrund die als Sickerleitung gestaltete Quellfassung. Oben im Bild die gewölbte Fernwasserleitung.

mit Röhren und Krahnen versorgt ist." Der römische Politiker und Schriftsteller Plinius (61 – 113 n. Chr.) stellte die hohe Wasserkultur Roms den Weltwundern der Antike gleich, denn *„wenn man die große Menge Wasser an öffentlichen Orten, Bädern, Fischteichen, Häusern, Kanälen, Gärten, den Gütern vor der Stadt, Landhäusern, dann die zu dessen Herleitung gebauten Bögen, durch Berge gegrabene Stollen und geebnete Täler mit Aufmerksamkeit betrachtet, so muß man gestehen, daß die Welt kein größeres Wunderwerk aufzuweisen hat."* Zu Plinius Zeiten wurde Rom von fünf großen Fernwasserleitungen, die täglich bis zu 635.000 m³ bestes Quellwasser aus den umliegenden Bergen heranschafften, versorgt. Bei etwa einer Million Einwohnern von Rom ergab dies einen Verbrauch von 635 Litern Trinkwasser pro Kopf und Tag. Als zweihundert Jahre später die Aqua Appia als letzte Fernleitung eingeweiht wurde, verfügte Rom über insgesamt elf große Aquädukte und mehrere kleinere Wasserleitungen, die täglich bis zu 1.5 Mio. Liter Wasser in die Stadt schwemmten. Eine Wassermenge, die mittels eines weitverzweigten Kanalnetzes auch wieder abgeführt werden mußte. Allein für das Ziel, nur allerbestes Quellwasser nach Rom einzuführen, hatten die römischen Wasserfachleute für die damalige Zeit Unvorstellbares vollbracht. Über eine Länge von 58,5 km wurde das Wasser zum Beispiel durch Brückenbauten in großen Höhen über Flüsse und Tä-

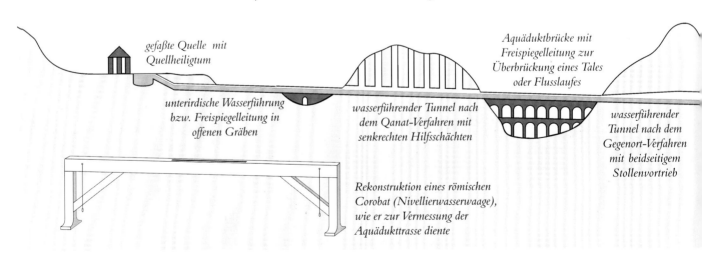

ler geführt. Es spricht für die römischen Baufachleute, daß die zum Teil mehrgeschossigen Bogenbrücken vielerorts heute noch zur Wasserführung oder als begehbare Brücken in Betrieb sind. Um dem Wasser die Frische zu bewahren aber auch die Leitungen vor feindlichen Belagerern zu schützen, wurde es dort, wo es möglich war in einer Gesamtlänge von 431,2 km unterirdisch geführt. Ein Heer von Arbeitern und Sklaven hatte zum Teil mannshohe Stollen durch die Berge getrieben. Zwischengeschaltete Becken dienten als Puffer um kurzfristige Zulaufschwankungen auszugleichen.

Doch nicht allein in der Hauptstadt, auch in den Provinzorten und in den befestigten Heerlagern fern der Heimat, galt die Verfügbarkeit von erstklassigem Trinkwasser als selbstverständliche Voraussetzung für römische Lebensqualität. Selbst Garnisonsstädte, die an Flüssen lagen, verfügten oft über imposante Fernwasserleitungen, die denen Roms in nichts nachstanden. Die Legionäre konnten damit häufig über mehr als 1 m³ saubersten Quellwassers pro Tag und Mann verfügen. *Colonia Claudia Ara Agrippinensium* (heute Köln) wurde über ein Aquädukt von 95,4 km Länge versorgt, das der Stadt täglich 20.000 m³ Wasser aus den im südwestlich der Stadt gelegenen Eifelhöhen zuführte. Die 'Eifelwasserleitung' zählt zu den längsten römischen Aquädukten außerhalb Italiens.

Zu den großartigsten Leistungen der antiken Wasserspezialisten gehörte jedoch die Untertunnelung größerer Geländehindernisse.

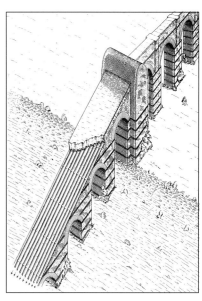

Ablauframpe der römischen Wasserleitung nach Lyon. Übergang der offenen Rinne auf dem Brückengebäude in die Gierleitung aus Bleirohren. Der Hochbehälter unter der gewölbten Kuppel befindet sich in 18 m Höhe.

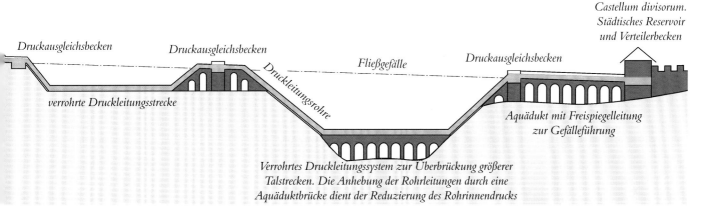

Verrohrtes Druckleitungssystem zur Überbrückung größerer Talstrecken. Die Anhebung der Rohrleitungen durch eine Aquäduktbrücke dient der Reduzierung des Rohrinnendrucks

Heute noch fiebern Bergleute und Ingenieure mit Unsicherheit dem Tag eines Tunneldurchstichs entgegen. Wieviel größer muß bei den einfachen Meßmethoden der damaligen Zeit die Spannung gewesen sein, an welcher Stelle man am Ende des Bauwerks das Tageslicht erblicken, bzw. ob man den von der Gegenseite vorgetriebenen Stollen auch wirklich treffen würde. Von den Schwierigkeiten solcher Tunnelbauten, aber auch von der Länder übergreifenden Vernetzung römischer Bauvorhaben, zeugt der Inschriftenstein, den sich der römische Ingenieur Nonius Datus zwischen 152-151 n. Chr. nach geglückter Tunneltrassierung im Bereich des römischen Aquäduktes von Saldae (heute Bejaïa/Algerien) vemutlich selbst setzte:

„Ich habe mich aufgemacht, und bin auf dem Wege hierher unter die Räuber geraten. Ausgeraubt und verwundet konnte ich mit den meinen entkommen. In Saldae angelangt, bin ich mit dem Prokurator Clemens zusammengetroffen. Er hat mich zu dem Berg geführt, wo man verzweifelt klagte, daß man den Tunnelbau dieses mißratenen Bauwerks aufgeben müsse, da der Vortrieb der Stollen inzwischen länger ausgeführt sei, als der Berg breit war. Es war offensichtlich, daß die Stollen von der geplanten Trasse abgewichen waren. Der von oben kommende Stollen war nach rechts, bzw. nach Süden verlaufen, der untere Tunnelteil ebenso nach rechts, jedoch nach Norden gegraben worden. Man hatte die abgesteckte Trasse verloren und beide Schachte in eine falsche Richtung vorgetrieben, und das obwohl die exakte Streckenführung auf dem Berg mit Pfählen abgesteckt war. [...]

Ich habe die Arbeiten genau zugeteilt, damit jeder wußte, auf welche Streckenlänge er den Vortrieb zu erfüllen hatte. Auf diese Weise habe ich zwischen den calssici *(Marinesoldaten) und den* gaesates *(Soldaten der gallischen Hilfstruppen) einen Wettbewerb veranstaltet. Beide haben sich in der Mitte des Berges getroffen. Also, ich, der ich das erste Nivellement durchführte, der ich die Linienführung absteckte, habe Maßnahmen ergriffen, daß das Werk meinen Plänen entsprechend ausgeführt werden konnte, die ich dem Procurator Petronius Celer vorgegeben hatte. Damit war meine Arbeit getan. Als das Wasser dann lief, hat der Procurator Varius Clemens die Wasserleitung eingeweiht."* Und als ob er die Nachwelt über die wichtigsten Tugen-

Druckleitungsstrecke durch einen Gebirgssattel im Zuge der römischen Wasserleitung bei Patara, Türkei

den eines römischen Ingenieurs aufklären wollte, finden sich neben dem Namen von Nonius Datus die Worte: *„Geduld - Mut - Hoffnung"*

Um die oben beschriebenen Risiken des Gegenort-Verfahrens, das einen Tunnelbau von beiden Seiten des Berges aus vorsieht, zu umgehen, wandten die antiken Baumeister nicht selten das Qanat-Verfahren an. Bei dieser Methode wurden in Verlaufsrichtung des geplanten Tunnels von der Oberfläche her in regelmäßigen Abständen senkrechte Hilfsstollen in den Berg getrieben. Diese wurden dann unterirdisch durch den waagrecht gegrabenen Stollen verbunden. Allein um die Villa eines reichen Römers bei Drove (Kreis Düren/Rheinland) mit Wasser zu versorgen, wurde ein 1.660 m langer Stollen im Qanat-Verfahren durch den Berg getrieben. Der Abstand der senkrechten Orientierungsschächte lag hier, je nach Gelände, zwischen zwölf und zwanzig Metern. Unter Kaiser Claudius (44-54 n. Chr.) wurde in Mittelitalien mit dem Bau eines 5.595 m langen Tunnels begonnen, mit dessen Hilfe man den Fuciner See bei Avezzano trokken legen wollte, um hierdurch 175 km^2 fruchtbares Ackerland zu gewinnen. Alle drei Projekte wurden im schwierigen Gegenort-Verfahren verwirklicht.

Viele Jahrhunderte lang wurden durchbohrte Steinquader als Leitungsrohre verwendet. Die Bilder zeigen solche Lochsteine aus Palmyra in Zentral-Syrien.

Aquädukte und Stollen größeren Ausmaßes waren jedoch keine Erfindung der Römer. Erste Bauten dieser Art sind im hellenistischen und kleinasiatischen Raum entstanden. König Salomon (963 - 925 v. Chr.) ließ beispielsweise für Jerusalem eine leistungsfähige Wasserleitung bauen. Sie bestand unter anderem aus einer Rohrleitung, die aus durchbohrten und aneinandergesetzten Feldsteinen bestand. Die Leitung führte das Wasser von den künstlich angelegten Salomonischen Teichen direkt in die Stadt. 300 Jahre später wurde der 532 m lange Siloah-Tunnel für Jerusalem gegraben, der der Stadt das Wasser der Gihon-Quelle erschloß. Der im Schnitt 1,80 m hohe Tunnel wurde von beiden Seiten mit einem Gefälle von 2,19 m in den Berg getrieben. Eine Inschriftentafel kündet noch heute von der großen Freude, daß sich beide Stollen in der Mitte des Berges tatsächlich getroffen hatten.

Herodot (484-425 v. Chr.) zählte die Wasserleitung des Euphalinos auf Samos mit ihrem 1.040 m langen Stollen zu den gewaltigsten Bauwerken, die in Griechenland entstanden waren. Das um 540 v. Chr. gebaute Projekt gewährleistete die Wasserversorgung der Inselhauptstadt mit verdeckten Kanälen. Die kleinasiatische Bergstadt Pergamon erhielt seit etwa 180 v. Chr. ihr Trinkwasser über eine vierzig Kilometer lange Rohrleitung, von der ein Teilstück das kostbare Naß über eine Druckleitung durch ein Tal führte. Zwischen Talsohle und Auslauf bestand ein Höhenunterschied von etwa 190 m. Durch die Wassersäule entstand in den auf der Talsohle befindlichen Rohren ein Innendruck von rund 20 bar, der allein durch Blei- oder Bronzerohre aufgenommen werden konnte.

Eine weitere bedeutende Wasserleitung war Anfang des 8. Jahrhunderts v. Chr. in Megara entstanden. In kilometerlangen und etwa acht Meter tiefen Schächten wurde das Wasser gesammelt und in die Stadt geleitet. Fachleute aus Megara wurden daraufhin von Peisistratos (560-527 v. Chr.) nach Athen berufen und mit dem Bau eines Aquäduktes beauftragt, das Wasser mittels unterirdischer Stollen und tönernen Rohrleitungen aus 10 km Luftlinie entfernten Quellen nach Athen brachte. In nachrömischer Zeit konnten ähnliche Tunnelprojekte erst wieder im Hochmittelalter ausgeführt werden. Aus dieser Zeit stammt der 880 m lange ‚Fulbert-Stollen' am Laacher See, dessen Ausführung der dort befindlichen Benediktinerabtei als Hochwasserschutz diente und den Mönchen zusätzlich beträchtlichen Landgewinn bescherte. Nicht von ungefähr waren es Ordensbruder, welche die alten Römertechniken nach Hunderten von Jahren wieder neu auferstehen ließen; zum einen beherbergten die mittelalterlichen Klosterbibliotheken die Schriften der alten lateinischen Baumeister, zum anderen gehörten die Mönche als Angehörige der Kirche zu den wenigen, die des Lesens und Schreibens wie auch der lateinischen Sprache kundig waren.

Die Ankunft des von der Quelle bis in die Stadt geleiteten Wassers feierten die Römer mit imposanten Nymphäen. Die lebendige Darstellung einer solchen Brunnenanlage von Piranesi zeigt die Prunkfassade am Ende der Aqua Paola in Rom, die Papst Paul V. 1612 nach römischem Muster errichten ließ.

Römische Castelli und Reservoire

In periodisch regenarmen Regionen füllten die Aquädukte zuerst große Reservoire, die die Stadt auch während längerer Trockenzeiten mit ausreichend Wasser versorgen konnten. Der Endspeicher der mit 132 km Kilometer längsten Wasserleitung der Antike vom Djebel Zaghouan nach Kartago (Tunesien) hatte die Grundmaße 39x155 m und konnte für die trockenen Monate des Jahres insgesamt 30.000 m³ Trinkwasser aufnehmen.

Im 19. Jahrhundert entdeckte ein französischer Geschichtsstudent im Keller eines Istanbuler Hauses einen unüberschaubar großen Wasserbehälter aus byzantinischer Zeit. Die zehn Meter unter Straßenniveau befindliche *cisterna basilica,* die ursprünglich das Wasser des Hadrian-Aquäduktes aufnahm, war in nachrömischer Zeit

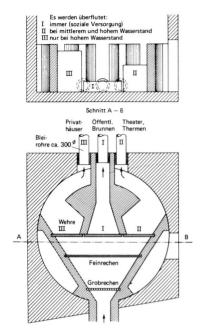

Arbeitsprinzip eines römischen Verteilers am Ende einer Fernwasserleitung. Nach Vitruv hatte ein Wasserschloß drei Ausgänge:
I. für die öffentlichen Brunnen. Sie mußten immer mit Wasser versorgt sein.
II. zur Versorgung der öffentlichen Anlagen wie Zierbrunnen, Thermen und Theater.
III. an dritter Stelle folgte die Wasserversorgung privater Häuser und Anwesen. An sie wurde nur Wasser abgegeben, wenn die ersten beiden Abgänge mit genügend Wasser versorgt waren.
Die Prioritätenfolge der Versorgung wurde durch die abgestufte Höhe der drei Wehre A, B, C erreicht.

überbaut worden und geriet im Laufe der Jahrhunderte in Vergessenheit. Lediglich die Bewohner der direkt angrenzenden Häuser hatten das Wasser über Jahrhunderte genutzt. Sie sollen sogar Fische darin gefangen haben. Die Grundfläche des „versunkenen Palastes", wie der Vorratsbehälter geheimnisvoll genannt wurde, beträgt 140 x 70 m. 336 Säulen tragen ein bis zu zehn Meter hohes Deckengewölbe. Das Vorratsbecken kann 80.000 m^3 Wasser fassen. In regenreichen Regionen mündeten die Aquädukte in Verteilerbecken, *castelli divisori* oder auch Wasserschlösser genannt. Es waren Hochbehälter mit verschiedenen Abgängen, die das ankommende Wasser für unterschiedliche Verwendungszwecke aufteilten. Zur Straße hin waren solche *castelli* oft als prächtige Nymphäen, d.h. prunkvolle Brunnenanlagen, ausgestaltet. Vitruv schreibt über diese Wasserschlösser: *„Gelangt die Leitung an die Stadtmauer, so soll man ein Wasserschloß errichten und mit dem Wasserschloß verbunden zur Aufnahme des Wassers einen aus drei Wasserkästen bestehenden Wasserbehälter. Im Wasserschloß selbst lege man drei Röhrenleitungen an, ganz gleichmäßig verteilt auf die Wasserkästen, die so miteinander verbunden sind, daß das Wasser, wenn es in den äußeren Kästen überläuft, in den mittleren Kasten fließt. In dem mittleren Kasten sollen Rohrleitungen so angelegt werden, daß sie zu allen Bassinbrunnen und Springbrunnen führen, damit das Wasser nicht in den öffentlichen Anlagen fehlt; aus dem zweiten Wasserkasten sollen Rohrleitungen zu den Privatbadeanstalten führen, denn so können die privaten Bäder das Wasser nicht wegnehmen, weil sie von den Ausgangsstellen an eine eigene Wasserleitung besitzen, aus dem dritten Wasserkasten (führen) Rohrleitungen zu den Privathäusern, damit diejenigen, die privat Wasser in ihre Häuser leiten, jährlich dem Volk ein Wassergeld zahlen, durch das sie die Unterhaltung der Wasserleitung durch die Steuerpächter sicherstellen."*

Blei für wasserführende Installationen

Die älteste bekannte Rohrleitung aus Metall bestand aus rundgebogenen und im Gipsbett verlegten Kupferblechen, sie wird auf 2500 v. Chr. datiert. Die etwa 400 m lange Leitung wurde in einer Tempelanlage bei Abusir in Ägypten entdeckt. Sie diente vermutlich zur Ableitung des Regenwassers. Metallene Rohre zur Wasserführung sollten jedoch bis ins zweite vorchristliche Jahrhundert sehr seltene Ausnahmen bleiben.

Blei war bis zum letzten vorchristlichen Jahrhundert zumeist nur ein Nebenprodukt der Silberproduktion. Mit der Einführung von Bleirohrsystemen für die Wasserversorgung römischer Städte sollte

Römischer Bleibarren, vermutlich 2./3. Jh. n. Chr.. Der 257 kg schwere Barren wurde bei Mansfield in England gefunden.

Abb. unten: Bleiabbaugebiete 300 n. Chr.

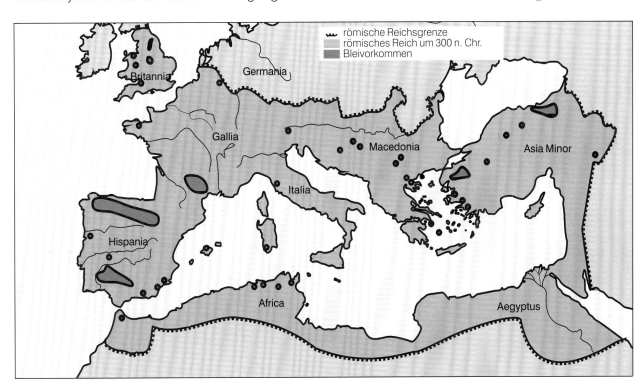

sich dies grundlegend ändern. Der römische Schriftsteller Plinius d. Ältere (23 n. Chr. - 79 n. Chr.) beschreibt in seiner *Naturalis Historia* die Bleivorkommen und ihre Verwendung wie folgt: *„Schwarzes Blei verwenden wir zu Röhren und Blechen; es wird ziemlich mühevoll in Spanien und in ganz Gallien ausgegraben, in Britannien aber aus der oberen Erdschicht in solcher Menge, daß dort sogar ein Gesetz bestehen soll, wonach nicht mehr als eine bestimmte Menge gewonnen werden darf."* Bleirohre wurden hauptsächlich für die innerstädtische Versorgung ab dem Wasserschloß verwendet. Bleirohre verbanden aber auch die einzelnen Wasserschlösser untereinander. Die Möglichkeit einzelne Rohrstücke durch Schweißen oder Löten homogen miteinander zu verbinden, machte sie besonders für Druckwasserleitungsabschnitte von Aquädukten geeignet.

Das an Erzen reiche Hispania war zunächst das Hauptförderland für römisches Blei. Archäologen konnten auf der Pyrenäenhalbinsel seit der Bronzezeit über 560 Gruben und Verhüttungsplätze nachweisen. Phönizier, Griechen und Karthager hatten bereits lange vor den Römern die Erzlagerstätten Spaniens ausgebeutet und ungeheure Mengen Blei und andere Metalle in ihre Länder verschifft. Im 6. vorchristlichen Jahrhundert berichtete der biblische Prophet Hesekiel: *„Tharsis* (ein Händler aus Karthago) *versorgte deine* (Tyrus) *Märkte ... reichlich mit Silber Eisen, Zinn und Blei."* Auch Plinius rühmte Spaniens Überfluß an bleihaltigem Gestein. Er beschrieb daß das ganze Land mit Bergwerken geradezu übersät sei. Zu jener Zeit arbeiteten hier 40.000 Sklaven in Bergwerken. Von den mächtigen spanischen

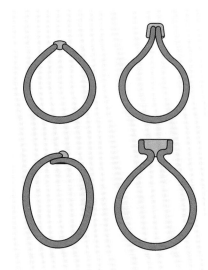

Verschiedene Querschnitte römischer Bleirohre.

Herstellung römischer Bleirohre. Das Gießen einer Bleitafel für die Rohrherstellung.

Bleivorkommen zeugen heute noch über 1.000 Bleibarren aus Spanien, die man sowohl im Erzeugerland selbst, als auch auf dem Meeresgrund oder in römischen Siedlungen fand. Infolge des über Jahrhunderte andauernden intensiven Abbaus ging die Bleigewinnung in Hispania ab dem 2. Jahrhundert n. Chr. beständig zurück. Die Gruben waren für die damaligen Abbaumethoden ausgeerzt. Mit Teufen von bis zu 300 m hatten die antike Bergbautechnik und vor allem die Möglichkeiten der damaligen Wasserhaltung ihre Grenzen erreicht.

Ab der Mitte des 1. Jahrhunderts n. Chr. wurde Hispania als größter Bleilieferant Roms durch die neu ausgerufene römische Provinz Britannia abgelöst. Nach der Besetzung Nord-Britanniens bis zur Linie Firth of Clyde – Firth of Forth im Jahr 83 n. Chr. und der Errichtung des Hadrianwalls ab 122 als nördliche Grenzbefestigung hatte die römische Provinz Britannia ihre größte Ausdehnung erreicht. Kaum daß die römische Herrschaft über Britannia gefestigt war, begann eine intensive Bergbautätigkeit. Sie galt vor allem den reichen Bleivorkommen der Insel. Das Metall wurde hier nahe der Erdoberfläche gefunden und konnte im Tagebau gewonnen werden. Im Gegensatz zum ausgedehnten Tiefbau in Hispania gestaltete sich die Bleigewinnung in Britannien sehr preisgünstig. Die weit ins Land reichenden schiffbaren Flüsse und Fjorde sowie die kurzen Distanzen zum Meer begünstigten die verkehrstechnische Erschließung der britischen Bleigruben.

Das ältere, in Griechenland praktizierte Verfahren, Rohre zu gießen, wurde von den Römern durch das rationellere Biege-Löt-Verfahren abgelöst. Hiermit ließen sich bedeutend längere Rohre her-

Schnitt durch ein römisches Bleirohr.

Abbildungen unten: Die Stoßkanten der zum Rohr gebogenen Bleitafel werden mit flüssigem Blei verschmolzen.

stellen und kleinere Durchmesser erzielen, was in vielen Anwendungsfällen eine deutliche Metalleinsparung bedeutete. Das in den Bleihütten erschmolzene Metall wurde von dem *plumbarius*, dem römischen Bleiarbeiter, in Barren gegossen angeliefert. Nach dem römischen Verfahren wurde der Rohrmantel auf einem Marmortisch als einzelne Platte in der vorgeschriebenen Normgröße gegossen. Erkaltet wurde die Plattenoberfläche gereinigt und mit dem Hammer geebnet. Im Anschluß daran wurde die Platte über einen runden Holz- oder Metallkern zum Rohr gebogen. Die Längskanten wurden mit dem Hammer zueinander geklopft und mit einer Legierung aus zwei Teilen Blei und einem Teil Zinn verlötet. Hierfür wurden teilweise auf beiden Seiten entlang des Stoßes kleine Wälle aus Lehm angehäuft, beziehungsweise längs der Plattenkanten eine Aufnahmerinne für das flüssige Lotmetall gebogen. In diese entstandene Vertiefung wurde das überhitzte Bleilot gegossen. Die hohen Temperaturen des Flüssigmetalls ließen die stumpfe Verbindung der Bleiplatte anschmelzen und eine homogene Schweißnaht entstehen. Um den Kern leichter ziehen zu können, weitete man das Rohr nach dem Abkühlen der Naht durch leichte Hammerschläge. Hierdurch erreichte man zusätzlich eine Verdichtung des Metalls.

Der römische Architekt Vitruvius beschreibt in seinen um 25 v. Chr. entstandenen zehn Büchern über Architektur erstmals eine verbindliche Normung für Wasserrohre aus Blei. Hierin wurde festgelegt, daß die Rohre bei der fixen Länge von 10 Fuß (pes = 29,6 cm), je nach Nenngröße, ein genau definiertes Gewicht auf die Waage bringen mußten. Die Maßangaben erscheinen uns heute für Rohre recht ungewöhnlich. Die Normierung war herstellerorientiert und hätte auf die damalige Produktionsweise nicht besser abgestimmt sein können. Vitruv gab dem Gießer exakt jene Maße vor, die dieser zur Herstellung genormter Röhren benötigte. Die Größenangabe für das Plattenmaß in Länge x Breite war zur Einstellung der Gießform notwendig. Die Angabe des Endgewichts erlaubte dem Arbeiter das für die gewünschte Plattenstärke notwendige Blei im Voraus abzuwiegen. Das Materialgewicht in Verbindung mit dem Plattenmaß ergab in etwa die gewünschten Wandstärken, die Plattenmaße bestimmten den Umfang und damit auch den endgültigen Rohrdurchmesser.

Römische Wasserversorgungsleitungen aus Blei, Herculaneum.

Wasserversorgung und Abwasserentsorgung einer antiken Stadt. Links das bleierne Hauptwasserrohr mit Nebenstrang und Absperrhahn. In der Bildmitte Abwasserkanal mit Hausanschluß.

röm. Benennung der Rohrgröße	Blechbreite in römischen Zoll	Rohrgewicht in röm. Pfund	Rohrgewicht in kg	ca. Rohr ø in cm
centenaria fistula	100	1200	393,00	55
octogenaria	80	960	314,40	45
quinquagenaria	50	600	196,50	25
quadragenaria	40	480	157,20	22
tricenaria	30	360	117,90	16
vicenaria	20	240	78,60	9
quinumdenum	15	180	58,95	8
denaria	10	120	39,30	5
octonum	8	96	31,44	4
quinaria	5	60	19,65	2,5

Öffentlicher Laufbrunnen am Decumanus in Herculaneum. Brunnen wie diese versorgten die Bevölkerung der Vesuvstädte mit kostenlosem Trinkwasser. Der Einzugsbereich dieser Brunnen betrug etwa 50 m.

Vitruvs Maßsystem wird noch unter dem römischen Kaiser Augustus (63 v. Chr. - 14 n. Chr.) um ein genaueres und differenzierteres Rohrmaßsystem ergänzt, das jedoch vermutlich nur für die Meßrohre der Wasserzuteilung Gültigkeit hatte. Die Querschnitte neuer Rohre waren nach der oben beschriebenen Fertigungsmethode zumeist birnenförmig. Dies lag daran, das die äußeren Kanten der Bleiplatten auf Grund der kürzeren Hebelkräfte schwerer zu biegen waren als deren Mittelpartien. Druckversuche ergaben, daß sich ein Rohr mit 7 mm Wandstärke bei einem Überdruck von 3 bar aufzuweiten begann und der anfangs im Querschnitt tropfenförmige

Römische Bleirohre mit den Namen der Hersteller.

Rohrmantel bei einem Innendruck von 8 bar die Kreisform erreichte. Bei 18 bar Innendruck traten erstmals Risse auf. Beim Bersten blieb die Lötnaht unverletzt. Der Bedarf an Blei für Wasserrohre war beträchtlich. Allein für die 75 Kilometer lange Wasserleitung vom Mont Pilat nach Lyon wurden rund 15.000 Tonnen Blei verbaut. Auf Grund der großen Nachfrage entstand eine regelrechte Röhrenindustrie, in die wohlhabende Römer und hier besonders die Angehörigen der kaiserlichen Familien ihre Vermögen investierten.

Daß von Bleirohren auch Gefahren für die Gesundheit ausgingen, war bereits zu Vitruvs Zeiten bekannt. Er schrieb: *„Die Vorteile tönerner Rohrleitungen bestehen darin, daß ernstlich jedermann das, was daran schadhaft wird, ausbessern kann; und dann, daß auch das Wasser daraus weit gesünder ist als das aus bleiernen Röhren. Bleiweiß kann unmöglich gesund sein, weil es das Bleiweiß erzeugt, welches dem menschlichen Körper schädlich sein soll. [...] Zum Beweis können uns die Bleigießer dienen, welche über den ganzen Körper bleich aussehen, bloß weil der Dampf, welchen das Blei, wenn man es schmilzt, von sich gibt, sich auf die Glieder des Körpers wirft, und darin, vermöge seiner täglich zunehmenden Wirkung, alle Kraft des Geblüts verzehrt. Meiner Einsicht nach darf also ein Wasser, das gesund sein soll, nicht in bleiernen Röhren geführt werden. Daß aus irdenen Röhren aber das Wasser auch besser schmecke, zeigt der tägliche Gebrauch an, da jedermann, wenn er gleich noch so hohe mit Silbergerät besetzte Prachttische besitzt, dennoch um des reineren Geschmacks willen, bloß irdenen Trinkgeschirrs sich bedient."*

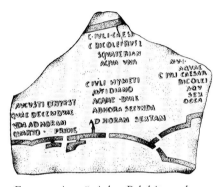

Fragment eines römischen Rohrleitungsplans mit den Namen derjenigen, die einen privaten Anschluß besaßen.

Heute weiß man, daß vor allem weiches Wasser das Schwermetall aus den Rohrwänden löst; die Römer bevorzugten kalkhaltiges Trinkwasser. Wasserführende Rohre aus Blei wurden vor allem im westlichen Teil des römischen Reiches verwendet, im Osten des Imperiums wurden hauptsächlich Tonrohre verlegt. Vermutlich ist dies auf die im Westen gelegenen Fördergebiete und dadurch kürzeren Handelswege zurückzuführen.

Atrium mit Laufbrunnen in einer römischen Villa.

Bäder und sanitäre Einrichtungen römischer Villen

„Während die Griechen bei der Gründung von Städten besonders auf Schönheit, Festigkeit, auf das Vorhandensein von Häfen und fruchtbarem Land achteten und damit ihre Ziele erreicht zu haben glaubten, achteten die Römer vor allem auf das, worum sich erstere nicht kümmerten: die Pflasterung der Straßen, die Zuführung von Wasser, unterirdische Kanäle, geeignet den Unrat der Stadt in den Tiber zu leiten. [...] Ihre unterirdischen Kanäle, aus ineinanderpassenden Steinen gewölbt, gaben an manchen Stellen ganzen Heuwagen die

Möglichkeit, hindurchzufahren. Die Wassermengen, die durch die Aquädukte in die Stadt geführt werden, sind so groß, daß ganze Flüsse durch die Stadt und die unterirdischen Kanäle strömen, daß nahezu jedes Haus Wasserbehälter und Wasserleitungen hat und reichlich sprudelnde Brunnen besitzt; darin sah M. Agrippa seine wichtigste Aufgabe, der die Stadt auch sonst mit vielen Weihegeschenken geschmückt hat", schrieb der römische Geschichtsschreiber Strabo.

Badeofen nach Heron von Alexandria. Das Gefäß bringt bei der Erwärmung des Wassers Trompetentöne und Drosselgezwitscher hervor. 1. Jh. n.Chr..

Wie wichtig der Staatsführung eine Trinkwasserversorgung des Volkes war, zeigt die Tatsache, daß Appius Claudius Caecus sie Ende des vierten vorchristlichen Jahrhunderts zur Staatsangelegenheit erklärte. Das herangeführte Wasser stand der gesamten Bevölkerung für private Zwecke unentgeltlich zur Verfügung. Allenfalls das Überlaufwasser konnte von einzelnen Handwerkergruppen wie Gerbern, Färbern oder privaten Badeanstalten gegen entsprechende Abgaben kommerziell genutzt werden. Eine hohe Brunnendichte sorgte für kurze Wege. In Pompeji betrug für die Anwohner die längste Entfernung zum nächsten Brunnen 50 m. Wohlhabende, dem Kaiser nahestehende Personen konnten das Privileg eines privaten Hausanschlusses erwerben. Ein solches, vom Kaiser persönlich gewährtes Recht wurde bezeichnenderweise mit *benefictium* (= Wohltat) umschrieben. Die Kosten des Anschlusses errechneten sich nach dem Durchmesser der in die Leitung eingebauten bronzenen Meßrohre, welche die Durchflußmenge begrenzten. Die Leitungen wie auch die notwendigen Verteilerbauwerke mußten von dem Anschlußberechtigten selbst finanziert und in Auftrag gegeben werden. Die Zuleitungsrohre der Privatanschlüsse trugen die Namen der Berechtigten. Das Grundprinzip der römischen Wasserversorgung war das des ständigen und ungehinderten Wasserflusses - wie in der Natur - von der Quelle bis hin zu den Abläufen der Verbraucher. Die Laufzeit eines privaten Brunnens spielte für die Berechnung keine Rolle.

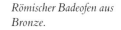

Römischer Badeofen aus Bronze.

Heißwasseranlage einer privaten Therme in Pompeji. Vorne das bleierne Kaltwasserreservoir, im Hintergrund der Heißwasserkessel aus genieteten Bronzeblechen.

Absperrventile waren daher nur zur Reduzierung des Plätschergeräusches oder für den Betrieb von Vorratsbehältern und Warmwasserkesseln notwendig. In römischen Bädern konnte die Wassertemperatur über Sperrventile exakt reguliert werden, so daß hier bereits von Mischventilen gesprochen werden kann.

Das Baden in warmem und kaltem Wasser, das schwitzen in erhitzter Luft gehörte zu den Grundbedürfnissen des freien Römers. Für den Normalbürger war der Besuch der öffentlichen Thermen Teil des Tagesablaufs. Die großen Bäder waren sozialer Mittelpunkt der Gesellschaft und Nachrichtenbörse für die neusten Tagesereignisse. Für den reichen Römer war um Christi Geburt das private Bad in der eigenen Villa eine Selbstverständlichkeit.

Private wie öffentliche Thermen waren mächtige Energieverbraucher. Das Hypocaustensystem einer römischen Villa konnte pro Stunde 140 kg Holz verschlingen oder mehr als zwei Festmeter pro Tag. Dieser immense Holzverbrauch, zusätzlich zum Bedarf für Schiffbau und Industrie, führte innerhalb weniger Jahrzehnte zu

Römische Armatur mit Ringgriff.

einem radikalen Kahlschlag der Apenninenhalbinsel. Die zunehmende Brennmittelknappheit hatte unter anderem dazu geführt, daß die Eisenminen auf Elba geschlossen werden mußten. Im ersten nachchristlichen Jahrhundert mußte Brennholz zum Teil über mehr als zweitausend Kilometer von jenseits des Kaukasus eingeführt werden. Die Heizmittelknappheit und die steigenden Kosten der Holzbeschaffung ließ die Römer die griechische Solararchitektur übernehmen, die sie auf ihre Bedürfnisse zuschnitten und weiterentwickelten. Sie setzten Glasscheiben ein, um die wärmenden Sonnenstrahlen einzulassen und um die Wärme im Raum zu halten. Vor allem achtete man bei der Ausrichtung der Gebäude auf eine zum Sonnenstand günstige Loge der Zimmer . Dazu Vitruv: *„Die Winterspeisesäle und Bäder müssen nach der Winter-Abendseite stehen, darum, weil man beim Gebrauche derselben des Abendlichts bedarf, und überdies auch die untergehende Sonne , indem sie flach hinein scheint, abends eine gemäßigte Wärme darin verbreitet."* oder an anderer Stelle: *„Zuerst ist der allerwärmste Platz (des Hauses), das ist der von Mitternacht und dem Nordwind abgewandte, zu erwählen. Die warmen und lauen Badezimmer müssen von der Winter-Abendseite ihr Licht erhalten; sollte jedoch die Beschaffenheit des Bauplatzes dieses nicht zulassen, so muß es wenigstens vom Mittag her geschehen, weil die gewöhnliche Badezeit von Mittag bis Abend ist.*

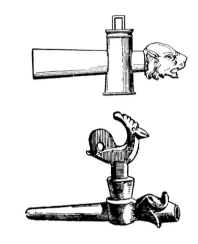

Römische Wasserhähne.

Aufbau einer römischen Fußbodenheizung (Hypokaustenanlage).

[...] Die Größe der Badezimmer scheint mir nach der Menge der Menschen bestimmt werden zu müssen. Übrigens richte man sie folgendermaßen ein: Ein Drittel weniger breit als lang [...] sei die Badewanne oder das Bassin. Die Badewanne sollte unter dem Fenster angebracht werden, damit die Herumstehenden sie nicht durch ihren Schatten verfinstern. Um die Wanne lasse man so viel Raum, daß während

Die 211 n. Chr. begonnenen Thermen des Caracalla erstreckten sich über eine Grundfläche von 124.140 m². Das römische 'Freizeitzentrum' beherbergte neben den eigentlichen Badeeinrichtungen Vortragssäle für Lesungen und Diskussionsgruppen, Palästren für sportliche Wettkämpfe, Geschäfte, Restaurants und Bibliotheken. Gegenüber dem Haupteingang waren, einem Amphitheater gleich, Sitzreihen im Halb-kreis angeordnet. In den Nebengebäuden waren Wohnungen für die Diener und Wasserfachleute, die für die Instandhaltung der mächtigen Anlage zuständig waren. Ihr Wasser erhielten die Bäder des Caracalla durch die oben dargestellte Aqua Antoniniana, einer Zweigleitung der Aqua Marcia.

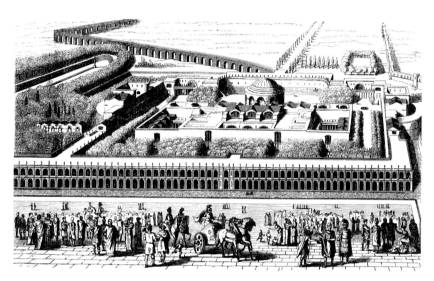

die ersten Badegäste im Bade sitzen, die übrigen als Zuschauer bequem herumstehen mögen. Die Breite der Badewanne zwischen Wand und Brüstung darf nicht weniger als sechs Fuß betragen und hiervon muß die untere Stufe nebst dem Sitze zwei Fuß hinweg nehmen. Das laconium, oder die Schwitzstube muß an das laue Badezimmer stoßen und bis an den Bogen des Kugelgewölbes so hoch als breit sein. In der Mitte des Gewölbes lasse man eine Öffnung. Hier herab lasse man an Ketten einen eisernen Deckel hängen, durch dessen Hinaufziehen oder Herablassen die gehörige Temperatur des Raumes zu regeln ist. Es muß kreisrund angelegt werden, damit sich die Hitze von der Mitte aus gleichmäßig in die Runde verbreiten kann."

In den kühlen Regionen nördlich der Alpen war wenigstens ein Raum mit einer zentral zu befeuerenden Fußbodenheizung ausge-

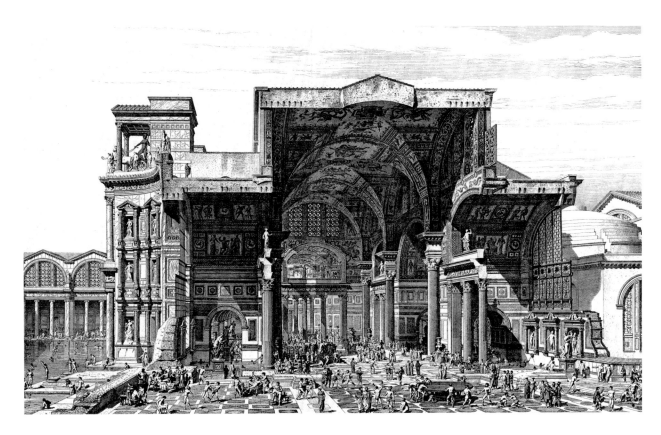

stattet. Die Feuerstelle befand sich in einem separaten Vorraum, dem *praefurnium* und wurde hier von Sklaven geschürt. Die heißen Gase strömten unter einem auf Ziegelsteinen ruhenden Fußboden, dem *hypokaustum* entlang und wurden über vier oder mehr Schornsteine pro Raum abgeführt. Die Kamine, die zumeist in den Ecken des Raumes hochgeführt wurden und unterhalb der Dachtraufe austraten, dienten als zusätzliche Heizkörper. Das Feuer brannte ohne Rost, flach auf dem Ziegelboden des Feuerraums. Es genügte das Oberluftfeuer drei bis vier Mal am Tag zu beschicken, um angenehme Raumtemperaturen zu erreichen. Durch Versuche konnte belegt werden, daß sich über mehrere Tage hinweg erstaunlich gleichmäßige Zimmertemperaturen erreichen ließen. Die Meßschreiber protokollierten diese mit einer wie mit dem Lineal gezogenen Linie.

Bei der Vielzahl öffentlicher und privater Thermen handelt es sich um Großprojekte mit wasserführenden Installationen. Die größten Bäder waren Geschenke der römischen Kaiser an ihr Volk. Die Abbildung zeigt die Rekonstruktion der 120.000 m² umfassenden Thermen des Diokletian zu Rom (begonnen 298 n. Chr.) Die Abbildung zeigt einen perspektivischen Schnitt durch Frigidarium und Tepidarium. Das Frigidarim der Diocletians-Thermen ist heute als Kirchenschiff der Kirche S. Maria degli Angeli erhalten.

Rekonstruktion der Militärtherme beim römischen Kastell im heutigen Walldürn.

Ebenso durchdacht war die Baderaumheizung. Besonders das Dampfbad, bei dem man Temperaturen um 55°C und eine fast 100% Luftfeuchtigkeit anstrebte, bedurfte einer hochtemperaturfesten Brennkammer aus hartgebrannten Ziegeln. Das gemauerte Becken der Badewanne befand sich in direkter Nähe des Feuers. Das Badewasser wurde von der Feuerseite her mit einem bis über das *präfurnium* reichenden Durchlauferhitzer erwärmt. Auf einem gemauerten Podest über dem Feuer befand sich der Heißwasserkessel. Er wurde aus einem im Nebenraum befindlichen, aus Bleiplatten bestehenden Hochbehälter mit Kaltwasser gespeist. Über Rohrleitungen aus Blei, die mit Absperrventilen versehen waren, konnte das heiße Wasser, je nach Bedarf, dem Badewasser zugemischt werden. Somit konnte man die gewünschte Badetemperatur von 40°C halten. Die nach Südwesten gerichteten Fenster waren verglast und

Militärtherme Walldürn. Schnitt durch das sogenannte Jüngere Bad.

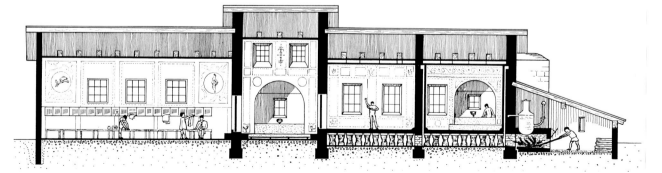

fingen die wärmenden Strahlen der Nachmittagssonne ein. Manche Häuser besaßen an Stelle des Dampfbades lediglich ein trockenes Heißluftbad von 55°C.

Von kaum wieder erreichter Vollkommenheit waren die beheizten Wände dieser Bäder. Sie waren auf der Innenseite mit viereckigen Rohren, den *tubuli*, verkleidet. Die senkrecht gemauerten und untereinander durch Öffnungen verbundenen Rohrstränge waren nach unten, zum *hypokaustum* hin offen. Da der Abzug fehlte, wurden sie von den Heizgasen nicht durchströmt, sondern lediglich erwärmt. Mittels dieser Hohlziegelkanäle konnte eine Wärmedämmung erreicht werden, welche die Wandtemperatur stets über dem Taupunkt hielt. Die Wände eines tubulierten Bades konnten daher nicht schwitzen.

Vom Dampf- oder Heißluftbad gelangte der Badende in den Abschwitzraum, genannt *tepidarium*. Bei Temperaturen um 25°C herrschte hier eine Luftfeuchtigkeit von 20–40%. Hierzu wurden die Gase des *hypokaustums* unter dem Abschwitzraum auf etwa 40°C

Öffentliche Latrine.

heruntergekühlt. Dem *tepidarium* war häufig noch ein Kaltbad angeschlossen.

Den großen Prunk und die Freuden eines römischen Privatbades läßt uns das Epigramm des Martial aus dem 1. Jahrhundert nach Christi Geburt erahnen:

Hast Du nicht in Etruscus' Bad gebadet,
Oppanius, so stirbst Du ungebadet!...
Nirgends sieht man so strahlend hell den Himmel.
Länger weilt dort das Licht ...
Des Taygetos Marmor leuchtet grün dort,
und es eifern in bunter Zier die Steine,
die der Libyer, Phryger brach in Tiefen.
Trockne Hitze entströmt dem reichen Onyx,
leichtes Feuer durchwärmt die Schlangensteine.
Hast du freude an dem Lakonerbrauche,
tauchst nach trockenem Dampfbad du befriedigt
in der Marcia, Virgo kaltes Wasser,
das so hell und klar vor dir dort schimmert,
daß man nichts vom Wasser merkt im Becken
und man fast glaubt, es erglänze leer der Marmor.

Abortsessel aus rotem Marmor. Der 'Thron' ist aus einem Marmorblock herausgearbeitet und weist eine fein geschliffene Oberfläche auf. Der Marmorsessel stand vermutlich über einem bewässerten Kanal. Das Original befindet sich heute im Louvre in Paris.

Der Wasserverbrauch der mit Bädern ausgestatteten Häuser war so groß, daß es zur Einrichtung von wasserdurchspülten Aborten keiner großen Aufwendungen bedurfte. In Städten waren die Abtritte direkt mit den öffentlichen Kanälen verbunden. Das Überlaufwasser der Privatbrunnen und Bäder besorgte hier den Abtransport von Fäkalien und Unrat.

Während die Villen über thronähnliche Abortsessel verfügten, waren die weniger betuchten Bewohner kleinerer Häuser und Wohnblocks auf öffentliche Gemeinschaftslatrinen angewiesen. Um 300 n. Chr. existierten in Rom 144 solcher Anlagen mit permanenter Wasserspülung. Massenaborte waren beliebte Treffpunkte und Zentren römischer Kommunikation. Während man ungeniert nebeneinander sitzend seiner natürlichen Geschäfte nachkam, ließ es sich gut über Tagespolitik, den Nachbarn und die Welt plaudern.

Aquarii, Installateure und Ingenieure

Seit dem Ende des 4. Jahrhunderts v. Chr. gehörte die öffentliche Trinkwasserversorgung Roms zu den persönlichen Angelegenheit des herrschenden Kaisers. Augustus hatte die Führung der 'römischen Wasserwerke' den *curatores aquarum,* einem Dreierkollegium von zumeist ehemaligen Consulen übergeben. Beauftragte Privatpersonen überwachten die Nutzung und Funktion der öffentlichen Brunnen. Freie Unternehmer hatten eine bestimmte Anzahl von Handwerkern, die *aquarii* zu stellen, die für den Unterhalt der Trinkwassereinrichtungen sorgten. Die Namen dieser Personen mußten beim öffentlichen Archiv hinterlegt werden. Steuereintreiber waren für den Gebühreneinzug bei Privatwassernutzern verantwortlich. Die Organisation war einfach und effektiv und verursachte der Staatskasse geringe Kosten.

Römische Reliefplatte mit Setzwaage, Stechzirkel und Maßstab. Bei dem Relief kann es sich sowohl um ein Ladenschild als auch um die Grabplatte eines Handwerkers handeln. Museo Capitolino, Rom.

Private Stiftungen ermöglichten einen weiteren Ausbau des Wassernetzes. Während manche Senatoren sich beim Volk durch die Errichtung von großen Thermen, Tempeln oder Theatern Beliebtheit verschafften, erweiterte Agrippa, ein enger Jugendfreund und erfolgreicher Feldherr Kaiser Augustus, 33 v. Chr. das römische Trinkwassernetz aus seiner Privatkasse und ließ für das Volk zusätzliche Brunnen errichten. Darüber hinaus setzte er einen privat finanzierten, ständigen Arbeitstrupp von 240 *aquarii* (mit dem Wasserleitungsbau beauftragte Sklaven) zur Wartung sämtlicher wasserführender Einrichtungen ein. Nach Agrippas Tod wurden dessen aquarii Eigentum des Kaisers Augustus, der sie in öffentlichen Besitz überstellte. Fortan wurden sie aus der Staatskasse finanziert. Sämtliche Trinkwasserangelegenheiten gehörten nun zum Aufgabenbereich des Staates. Nachdem Kaiser Claudius (seit 41 n. Chr.) 52 n. Chr. die neue Fernwasserleitung *Aqua Claudia* fertiggestellt hatte, stockte er Agrippas 240 *aquarii* um weitere 460 kaiserliche Sklaven auf. Außerdem wurden die Trinkwasserleitungen dem *procurator aquarum*, dem der Rang eines römischen Ritters zustand, unterstellt.

Römische Bronzearmaturen.

Inschriftenstein des Nonius Datus über die Tunneltrassierung in Saldae, Algerien, 151-152 n. Chr.

Der *Procurator* war fortan für das gesamte technische Personal verantwortlich. Die Zentrale der Wasserwerke Roms, die *Statio Aquarum*, beschäftigte im Ganzen nicht weniger als 700 Mitarbeiter. Hierunter befanden sich Rohrleger, Inspektoren, Steinmetze, Maurer sowie Angehörige weiterer Berufe. Die handwerklichen Arbeiten wurden in der Regel von Skalven oder freigelassenen Sklaven ausgeführt. Der freie Römer mied körperliche Arbeit, sofern er es sich leisten konnte. Trotzdem nahm der Handwerker, der sein Geschäft verstand, gegenüber der Masse eine gehobene Stellung ein. Selbstbewußt ließ er sich die Berufsbezeichnung in den Grabstein meißeln.

Während der *Procurator* etwa das fünfzigfache Gehalt eines römischen Legionärs erhielt, bemühte sich ein Teil seiner *aquarii* ihr spärliches Entgelt durch die Vergabe von illegalen „Wasseranschlüssen", beziehungsweise Manipulationen an den Wasserbegrenzern aufzubessern. Der römische Senator Caelius Rufus dazu vor dem Senat: „*Durch strenge Untersuchungen konnten wir beweisen, was man sich alles herausgenommen hat, als hätte man dazu ein Recht: Wir fanden bewässerte Felder; in Kneipen, Freßlokalen, ja sogar in Absteigen zweifelhaften Rufs ist fließend Wasser installiert worden ...*". Der Volksmund nannte die bestechlichen Wasserleitungsaufseher in Anlehnung an römische Amtstitel *a punktis*, was soviel wie ‚Vorsteher der Einstiche' bedeutete. Iulius Frontinus, Procurator aquarum, schrieb: „*In der ganzen Stadt sind die Rohre auf langen Strecken unter dem Pflaster verlegt. Ich habe in Erfahrung gebracht, daß sie allenthalben von den sogenannten „Vorstehern der Einstiche" angezapft worden sind und daß entlang ihrer Streckenführung allen möglichen Geschäften unerlaubt über besondere Rohre Wasser geliefert wurde, so daß eine zu geringe Menge Wasser in den öffentlichen Gebrauch gelangt.*" oder „*... Vor den Rohren gewisser Leute waren nicht einmal Meßrohre angebracht oder wie es dem Rohrnetzmeister gerade gefiel, waren diese vergrößert oder verkleinert.*"

Weniger einträglich waren dagegen die Posten der *castellarii*, denen die Wasserschlösser am Ende der Aquädukte unterstanden, die *fontanii*, welche die Quellen zu beaufsichtigen hatten oder die *circitores*, die täglich die Fernleitungsstrecken abliefen und deren Funktionsfähigkeit und Zustand überprüften.

Die Planung und der Bau der Leitungssysteme erfolgte durch Privatunternehmen, die von Censoren, Magistraten oder auch spendablen Privatpersonen ihre Aufträge erhielten. Die Arbeiten der Vertragsinstallateure mußten nach Fertigstellung von den Beamten des Wasserwerks abgenommen werden. Erfahrene Wasserbauspezialisten wurden, wie das Beispiel des Tunnelbauers Nonius Datus zeigt, auch in ferne Länder beordert. Das Grundwissen um die Wasserbautechnik wie das Fassen von Quellen, das Leiten und Verteilen von Trinkwasser, die Wasserhebetechniken bis hin zu Kenntnissen über den Bau komplizierter Wasseruhren war bereits lange vor der Entstehung Roms bekannt. Im Verlauf von Generationen und Kulturen hatten sich diese Techniken vervollkommnet. Spezialisten hatten ihr Wissen von Generation zu Generation weitergegeben und vermehrt. Als römische Ingenieure damit begannen, die Städte mit Hilfe von aufwendigen Fernwasserleitungen mit Quellwasser zu ver-

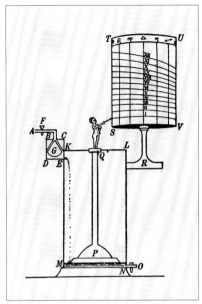

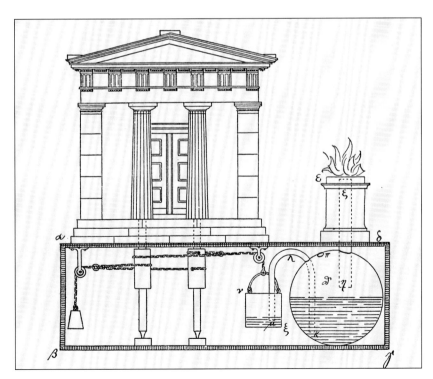

Abb. oben: Rekonstruktion einer Wasseruhr des Ktesibios. Durch das dosiert einträufelnde Wasser stieg der Schwimmer (P) mit der Zeigersäule. Da man den Tag damals von Sonnenaufgang bis Sonnenuntergang in zwölf gleiche Abschnitte unterteilte, konnte die Stundenskala auf dem Zylinder (V) je nach Jahreszeit der veränderten Tageslänge angepaßt werden.

Abb. links: Automatische Tempeltüren, Entwurf von Heron von Alexandria. Die Türen öffneten sich durch die Ausdehnung der Luft innerhalb des kugelförmigen Behälters unterhalb der Tempelflamme. Heron von Alexandria gehörte zu den experimentierfreudigsten Erfindern seiner Zeit. Von seinen verschiedenen Werken über Mathematik, Lasthebeeinrichtungen, Pneumatik, Hydraulik und verschiedene Automaten sind nur Abschriften überliefert. Man nimmt an, daß Heron von Alexandria im 1. Jh. n. Chr. gelebt hat.

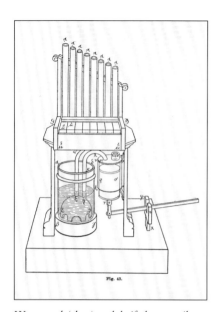

Wasserorgel (oben) und dreifach unterteilter Krug (unten) mit einem Auslaufhahn, der es erlaubt die einzelnen Krugbereiche getrennt anzuzapfen. Nach Heron von Alexandria 1. Jh. n. Chr.

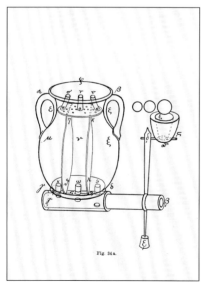

sorgen, konnten sie auf umfassende Wasserbaukenntnisse zurückgreifen. Der große Verdienst der Römer ist es, das in den unterschiedlichsten Regionen des Reiches Vorgefundene zusammenzufassen und auf eigene Projekte zu übertragen.

Neben dem Überlieferten mußte der römische Ingenieur auch einen großen Schatz an Erfahrungen und vor allen Dingen Flexibilität mitbringen. Nur selten konnte er sich an ein starres Schema halten. Unvorhersehbare Probleme auf der Baustelle zwangen ihn, beständig umzudenken und spontan neue Problemlösungen zu finden. Die Planung und Trassierung der römischen Wasserbauten geschah mit einfachsten Mitteln. Zur Streckenmessung standen dem Ingenieur Zirkel, Lot und Winkelmaß zur Verfügung. Zum Nivellieren kannte er zweierlei Arten von Wasserwaagen. Die *dioptra* war eine relativ kurze Nivellierwaage, von der Vitruv schrieb, daß sie für Feldmessungen eigentlich zu ungenau sei. Er empfahl statt dessen für Streckenmessungen die *chorobat*, eine Nivellierwasserwaage mit 20-füßigem Richtscheit. Die größere Meßgenauigkeit der *chorobat* beruhte nicht auf einer genaueren Anzeige, sondern lediglich auf einer größeren Peillänge. Längenmaße wurden mit der *decempeda* (Zehnfuß - ein 'kapitolinischer' Fuß = 29,64 cm) genommen, einem zehnfüßigem Meßstab, der in *palmae* (Handbreiten, *palmus* = 7,4 cm) und *digiti* (Fingerbreiten, *digitus* = 1,85 cm) unterteilt war. Bis auf das bronzene Winkelmaß bestanden sämtliche Meßinstrumente aus Holz. Für Skizzen und Berechnungen wurden mit Wachs beschichtete Holztäfelchen benutzt, die mit einem Griffel beschrieben werden konnten. Die Planung und das Anreißen geschahen vermutlich im Verhältnis 1:1 direkt in der Natur. Daß Planungszeichnungen angefertigt wurden, ist nicht überliefert, es kann jedoch nicht ausgeschlossen werden, daß es Zeichnungen auf Papyrus oder Pergament gab. Mit diesen einfachen Mitteln wurden Präzisionsmessungen über große Entfernungen durchgeführt, deren Resultate uns heute noch in Erstaunen versetzen. Die römischen Fernwasserleitungen wurden über Strecken von mehr als einhundert Kilometern mit gleichbleibendem Gefälle von etwa 1,5 % trassiert. Die Trassenführungen verliefen nur über kurze Streckenabschnitte geradeaus. Üblicherweise schlängelten sich die Leitungen an das Relief des Geländes geschmiegt, den Höhenlinien folgend zu Tal, um hier in Vorratsbehälter oder Verteilerbecken zu münden.

Die Grabinschrift des Galliers Quintus Candidius gibt uns ein sympathisches Bild eines römischen Wasserbauingenieurs, der um 250 n. Chr. gelebt hatte und vermutlich am Bau des Aquäduktes von Arles beteiligt war „... *Größtes Können, technisches Streben, Fachwissen und eine ehrenhafte Gesinnung zeichneten ihn aus. Große Ingenieure bezeichneten ihn immer als ihren Meister. Keiner war gelehrter als er, den niemand übertreffen konnte. Ihn, der es verstanden hat, die wasserbaulichen Konstruktionen herzustellen und die Trassierung der Leitung zu planen. Er war ein gemütlicher Zechkamerad, im Kreise seiner Freunde ein geistreicher Unterhalter, aufgeschlossen für den technischen Fortschritt und von liebenswürdigem Wesen. ...*"

Wassergetriebener Automat mit beweglichen Figuren und Melodien zwitschernden Vögeln nach Heron von Alexandria.

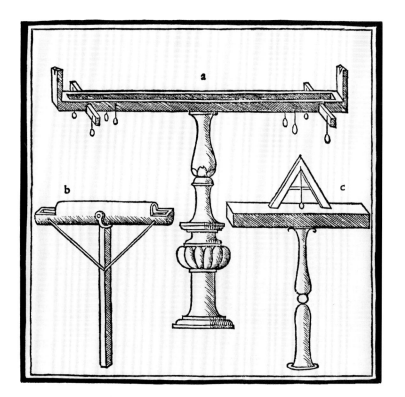

Rekonstruktion römischer Meßgeräte nach Jucundus, 1511. Während Abschriften der Textbände des Vitruv die Zeiten überdauert haben, gingen die Tafelbände mit den dazugehörigen Abbildungen verloren. Im ausgehenden Mittelalter versuchte man die römischen Geräte nach den alten Texten zu rekonstruieren und im Stil der jeweiligen Zeit nachzubauen.

Blei wurde im Mittelalter vorwiegend zur Gewinnung von Silber genutzt. Der hierbei angewendete Saigerprozeß basiert auf der unterschiedlichen Schmelzbarkeit verschiedener Bestandteile einer Legierung oder eines Gemenges. Er wird ausgeführt, indem man die zu trennende Masse soweit erhitzt, bis sich der leichtflüssige Teil vom strengflüssigen oder fest verbleibenden Metall durch Schmelzen absondert. Die Abbildung aus Georg Agricolas Werk 'De re metallica' aus dem Jahr 1556 zeigt einen Saigerherd zum Ausschmelzen von Silber aus metallischem Kupfer mit Hilfe von Blei. Der gemauerte Herd (B) besteht aus zwei parallel angeordneten Saigerbänken, auf denen bis zu vier Frischstücke aufgestellt wurden. Eisenklötze dienten hierbei als Unterlage. Anschließend wurden Seitenwände aus Eisenplatten aufgestellt und der Herd randvoll mit Holzkohle aufgefüllt (A). In der Glut saigerte das Silber zusammen mit dem Blei aus, da beide schneller schmolzen als das im Ofen verbleibende Kupfer. Die Blei-Silber-Mischung wurde in irdene Schalen abgefüllt und in einem weiteren Arbeitsgang voneinander getrennt. Aus dem gewonnenen Edelmetall ließen die Landesfürsten Münzgeld schlagen.

Blei in nachrömischer Zeit

Mit dem Sieg der germanischen Stämme Mitte des 5. Jahrhunderts waren die Bergbauaktivitäten in den römischen Gruben und auch der gesamte europäische Bleihandel zum Erliegen gekommen. Letzterer sollte erst wieder aufgenommen werden, nachdem die Araber die Pyrenäenhalbinsel erobert hatten und ab 711 n. Chr. besetzt hielten. Im 11. Jahrhundert setzte dann erneut wieder eine umfassende Förderung des bläulichen Metalls ein. In Deutschland wurden die ersten Bleierze um das Jahr 1000 n. Chr. im Harz und ab etwa 1230 im Raum Schlesien abgebaut. Für Rohre wurde das Metall fortan kaum noch verwendet. Das abgebaute Blei diente in der Hauptsache der Silbergewinnung.

Daneben gab es allerdings noch einige weitere Verwendungszwecke. Die Kreuzritter zum Beispiel wußten mit Blei nichts klügeres anzufangen, als es in flüssiger Form über die Köpfe der ‚Ungläubigen' zu gießen. Am heimischen Herd in pulverisierter Form benutzt, hat es so manche Erbschaft beschleunigt. Entsprechend lautete sein populärer Name zeitweilig auch ‚Erbschaftspulver', ‚inheritance powder' oder ‚poudre de sucessin'. Mit der Erfindung des Schießpulvers im 13. Jahrhundert entstand zum ersten Mal wieder eine größere Nachfrage nach dem Metall. Zu Kugeln gegossen hatte es eine neue durchschlagende Verwendungsform gefunden, die seinen Kilopreis zu Kriegszeiten heute noch in die Höhe schnellen läßt. Auch wurde das bei niedriger Schmelztemperatur leicht zu gießende Material zur Herstellung von Siegeln benutzt. Päpstliche Edikte wurden mit bleiernen Bullen gesiegelt. In der Anfertigung solcher Bullen, als einseitig offener oder aus zwei Hälften bestehender Formen, lag der Ursprung der später hochentwickelten Kunst des Medaillen- und Gedenkmünzengießens.

Alchemisten bemühten sich jahrhundertelang erfolglos, mit Hilfe ihrer Philosophensteine das ‚Vatermetall' in Platin, Gold oder Silber zu verwandeln. Sie ordneten dem Metall das Zeichen des Saturns beziehungsweise des Kronos zu.

Römisches Bleimedaillon, gefunden in dem französischen Fluß Saone. Im unteren Teil der Abbildung schreitet der römische Kaiser Maximilian (1508-1519) von Castell über die Brücke nach Mainz.

𝔚𝔬 𝔢𝔰 𝔞𝔫 𝔔𝔲𝔢𝔩𝔩𝔢𝔫
mangelt/
werden 𝔅𝔯𝔲𝔫𝔫𝔢𝔫 1 aus-
und umgeben (gegraben/
mit einer 𝔏𝔢𝔥𝔫𝔢/ 2
daß niemand hineinfalle.
  𝔇𝔞𝔯𝔞𝔲𝔰 schöpfet man
das 𝔚𝔞𝔰𝔰𝔢𝔯/
mit 𝔈𝔦𝔪𝔢𝔯𝔫/ 3
so da hangen
an einer 𝔖𝔱𝔞𝔫𝔤𝔢/ 4
oder am 𝔖𝔢𝔦𝔩/ 5
oder an der 𝔎𝔢𝔱𝔱𝔢; 6
Und dieses (gel/ 7
entweder mit dẽ 𝔖𝔠𝔥𝔴𝔢𝔫-
oder in der 𝔚𝔢𝔯𝔟𝔢𝔩/ 8
oder mit der 𝔚𝔞𝔩𝔷𝔢 9
die einen Handgriff hat/
oder mit dem holen 𝔎𝔞𝔡/
oder endlich (10
mit der 𝔓𝔲𝔪𝔭𝔢. 11

Schöpfbrunnen. Abbildung und Text aus Orbis sensualis pictus, 1658.

Die Wasserversorgung mittelalterlicher Städte

Im 5. Jahrhundert n. Chr. nahmen die Angriffe auf Rom drastisch zu. Der Hintergrund für die Auseinandersetzungen lag in der Schwächung des Römischen Reichs durch die geteilte Macht mit Konstantinopel und in der Entzweiung durch die Anerkennung des Christentums als Staatsreligion. Burgunder, Sueben, Alanen und Wandalen durchbrachen 406 die Rheingrenze. Vier Jahre später plünderten die Westgoten unter Alarich erstmals Rom. Es folgten die Hunnen, und 455 wurde die Stadt vom Wandalenkönig Geiserich zur systematischen Plünderung freigegeben. Die römischen Kaiser wechselten in rascher Folge. Mit der Übersendung der Reichsinsignien nach Konstantinopel, 476 durch Odoaker, endet schließlich das Weströmische Reich. Mit dem Niedergang des westlichen Teils des Imperiums begann auch das Ende der großen Fernwasserleitungen. Die Aquädukte der Stadt Rom hatten mittlerweile eine Gesamtlänge von 331,6 km erreicht. In der Sicherheit einer lang andauernden Friedensperiode errichtet, erwiesen sich die Leitungen in Zeiten kriegerischer Auseinandersetzung als Achillesferse einer Stadt. Besonders die oberirdisch verlaufenden Leitungsabschnitte waren stark gefährdet. Allein die Androhung ihrer Sperrung konnte im Fall einer Belagerung erfolgreich als Druckmittel eingesetzt werden.

So ließ beispielsweise der Ostgotenkönig Wigitis während seiner Belagerung Roms im Jahr 537 n. Chr. alle vierzehn damals noch intakten Aquädukte unterbrechen und teilweise zerstören. Nach einem Jahr war die einstmals stolze Stadt vernichtend geschlagen, die prächtigen Gebäude zerstört und geplündert. 547 und 549 fiel Totila über Rom her. Nach seinem Abzug sah man zwischen den Trümmern der einst blühenden Stadt nur noch herrenlose Tiere umherstreifen. Thermen und Tempel füllten sich mit Schutt und Gras. Die wenigen zurückgekehrten Bewohner schöpften die folgenden zweihundert Jahre ihr Wasser wieder aus Zisternen, Brunnen und Quellen. Zwar erließ Justitianus im fernen Byzanz Edikte zur Wiederherstellung der Stadt und ihrer Aquädukte, doch wer sollte dies ausführen?

Aus den Trümmern der ewigen Stadt erwuchs die neue Macht der Päpste. Papst Gregor I. (590-604 n. Chr.) befahl die systematische Zerstörung der Kunstwerke Roms, weil dies „Götzenbilder" seien. Auch soll er die Vernichtung der im Tempel des Apollo angelegten Bibliothek veranlaßt haben. Adel und Volk dienten die Überreste der Stadt als Steinbruch und „Selbstbedienungsladen" für antike Kunstwerke: *„die Priester schleppten Säulen und Marmor in ihre Kirchen, Adelige und Klerus führten Kirchtürme auf antiken Prachtmonumenten auf, die Bürger richteten in den Thermen ihre Schmieden, Hanfstrickereien und Spinnereien ein ..."* Auch Karl der Große ließ es sich nicht nehmen, Säulen und Plastiken aus dem zerstörten Rom nach Aachen zu entführen. Die ewige Stadt wurde zu einer großen Kalkgrube, in der man aus edelstem Marmor Mörtel brannte.

Mit dem Niedergang des Römischen Reiches geriet auch seine hochentwickelte Wasserversorgung in Vergessenheit. Die großzügigen und pflegeintensiven Wasserversorgungseinrichtungen waren alleine durch eine straff organisierte Infrastruktur in Funktion zu halten. Wie in Rom selbst waren folglich auch die Aquädukte in den ehemaligen Provinzen dem Verfall preisgegeben. Die meisten Städte fielen mit ihrer Wasserversorgung auf den vorrömischen Stand einer Einfachstversorgung aus Ziehbrunnen und der Trinkwasser-

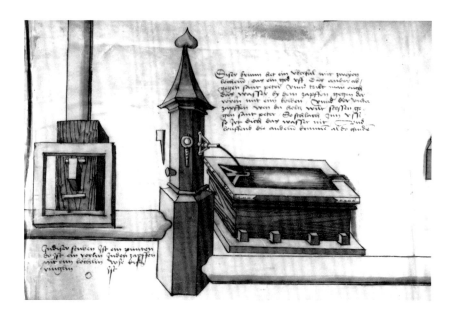

Ausschnitt aus dem Brunnenplan des Großbaseler Röhrenmeisters Hans Zschan, um 1495.

entnahme aus natürlichen Gewässern zurück. Hausanschlüsse wurden wieder zur ganz seltenen Ausnahme, die lediglich einige Herrscherhäuser und Klosteranlagen besaßen. Allein in südlichen Gebieten gelang es einigen wenigen Ansiedlungen, die römischen Wasserversorgungssysteme instand zu halten.

In den folgenden Jahrhunderten wurde das Wasser zumeist von außerhalb der Stadt gelegenen Quellen entnommen und in offenen Gräben oder Gerinnen in die Stadt geleitet. Es war häufig bereits durch höher liegende Ansiedlungen verschmutzt. Die Ursache hierfür waren nicht nur eingeleitete Fäkalien, sondern auch vorindustrielle Gewerbebetriebe, die ihre Abwässer ohne Vorklärung in fließende Gewässer einleiteten. Entnahm die Bevölkerung das Wasser einem Flußlauf, so war dies, vor allem nach starken Regenfällen, durch eingeschwemmten Straßenschmutz und übergelaufenen Fäkalgruben stark verunreinigt.

Das Wissen der Antike schlummerte jetzt in den umfangreichen Klosterbibliotheken. In überlieferten Inventarverzeichnissen des Fuldaer Klosters aus dem 10. Jahrhundert finden sich unter anderem Abschriften der wichtigsten Texte zur römischen Wasserversor-

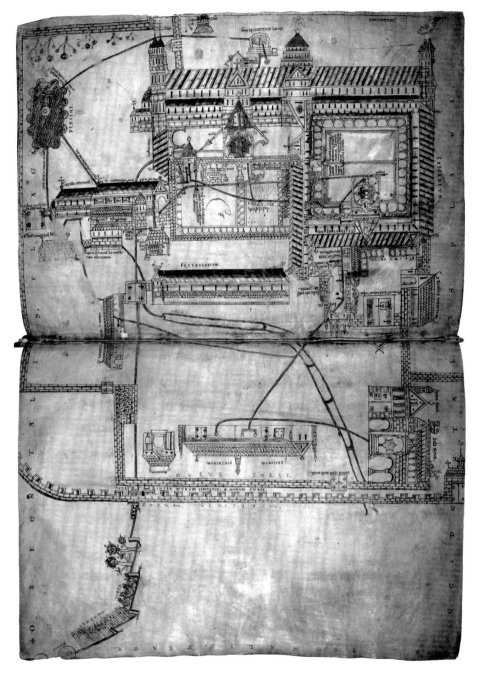

Rohrnetzplan des Kathedralklosters von Canterbury in der englischen Grafschaft Kent, um 1150. Der auf Pergament gezeichnete technische Plan des Mönchs Edwin diente der Planung und Instandhaltung der klösterlichen Wasserversorgung. Die Leitungsrohre bestanden aus zusammengebogenen und verlöteten Bleiplatten, in der Art, wie sie zu römischen Zeiten üblich waren.

Jacob Leupolds Vorschlag „vermittelst eines Eymers aus einem abgelegenen Brunnen das Wasser in die Höhe eines Zimmers zu bringen". Aus Schauplatz der Wasser-Künste, 1724.

gung, wie zum Beispiel die zehn Bücher zur Architektur des Vitruv oder das ausführliche Werk zur Wasserversorgung Roms von Sextus Julius Frontinus. Es war daher vermutlich kein Zufall, daß Hrabanus Maurus (gest. 856), der lange Zeit als Abt des Fuldaer Klosters amtierte, sich intensiv mit der Brunnen- und Bäderbau befaßte und hierzu selbst ausführliche Werke schrieb.

Klöster besaßen als erste wieder eine funktionierende Wasserversorgung und eigene Badestuben. Innerhalb ihrer Mauern wurden bereits im frühen Mittelalter wieder Wasserrohre aus dem damals kostbaren Blei zur Wasserführung benutzt. Die Anschlüsse reichten hier zum Teil bis in die Zellen der Ordensbrüder und -schwestern hinein. Von den Klostergemeinschaften gingen auch die ersten Impulse für die Wasserversorgung der mittelalterlichen Städte aus. Es waren besonders die unter geistiger Herrschaft stehenden Städte, die Anfang des 13. Jahrhunderts die Wasserversorgungstechniken der Klöster in vereinfachter Form übernahmen. Oft waren es Geistliche, welche die Städte bei der Verlegung der ersten Wasserleitungen und dem Bau von Wasserkünsten berieten. So schloß der Kanoniker Heinrich von Hatzfeld (gest. 1426) aus dem Fritzlarer Stift mit der Stadt Grünberg einen Vertrag zur Errichtung eines Brunnenwerkes und einer Wasserleitung ab. Michael von Broda, ebenfalls ein kirchlicher Würdenträger, beriet 1418 die Stadt Goslar bei der Planung ihrer künftigen Wasserversorgung. Auch Gotha konsultierte einen Geistlichen wegen der Verlegung einer bestehenden Quellwasserleitung.

Die städtischen Wasserleitungen des Mittelalters endeten zumeist in einem einzigen großen Laufbrunnen, der sich auf einem zentral gelegenen Platz in der Stadtmitte befand. Daneben existierten Zisternen zum Auffangen des Regen- und Überlaufwassers, das bei Bränden oder in Kriegs- und Notzeiten als Reserve genutzt wurde. Besonders im Verteidigungsfalle waren die von außen kommenden Wasserleitungen stark gefährdet. Aus diesem Grund wurden in den Städten ab der Mitte des 14. Jahrhunderts eine Vielzahl von Schachtbrunnen gegraben. Bei Höhensiedlungen konnten dies bis zu 80 m tiefe Brunnenschächte gewesen sein. Für den Vortrieb von Tiefbrunnen mußten oftmals Bergleute hinzugezogen werden.

Hochburgen mittelalterlicher Technik waren die religiösen Zentren der damaligen Welt. Der Wasserbau sowie die Technik allgemein galten als fester Bestandteil der Kunst, welche im Mittelalter sämtliche Tätigkeiten umfaßte, bei denen durch anspruchsvolle Handarbeit bedeutende Einrichtungen geschaffen wurden. Nicht selten waren auch Maler wie Mathias Nithart, Hans Burkmair oder Hans Holbein an der Planung von Brunnenarbeiten und Wasserkünsten maßgeblich beteiligt. Berühmte Meister der Wasserkunst wurden von Stadt zu Stadt berufen, um vor Ort ihre Bauten zu errichten.

Wasserkünste und öffentliche Brunnen dienten zumeist erst an zweiter Stelle der Trinkwasserversorgung der Bevölkerung. Wie zahlreiche Feuerordnungen belegen, wurde stets als wichtigstes Argument für den Ausbau einer Wasserleitung die Angst vor dem Feuer angeführt. Immer wieder war es bei den leicht entzündlichen Baumaterialien des Mittelalters und der frühen Neuzeit vorgekommen, daß außer Kontrolle geratene Brände ganze Städte, nicht nur einmal, sondern wiederholt in Schutt und Asche gelegt hatten. So wurde auch Aachen im Jahr 1665 bis auf die Grundmauern zerstört, *"weil ein heißer Frühling die ausgetrockneten Stroh-, Schilf-, und Schindeldächer von mehr als 4.000 Häusern dem Feuer in die Arme werfen konnte"*. 1338 wurde Breslau durch die „Gottesgeißel" Feuer verwüstet. 1628 ereilte die Stadt nochmals dasselbe Schicksal. So wurden

„Das Wasser durch einen oder zwey abwechselnde Eymer aus der Tieffe, vermittelst des doppelten Seils und Schwung-Rads, zu ziehen." Brunnenmechanik für Tiefbrunnen nach Jacob Leupold, 1724.

Der große Brand von Reutlingen, nach einem kolorierten Stich von Merian, 1726.

175 Gebäude *„wegen den hölzernen Häusern, Schindeldächern, vielem Heu, Stroh, Flachs und anderer Materialien"* zerstört. 1666, nur ein Jahr nach einer verheerenden Pestepidemie war in einer Londoner Backstube der Große Brand von London ausgebrochen. In vier Brandtagen wurden 13.200 Häuser und 90 Kirchen von den Flammen zerstört. In Wien waren 1627 durch die *„Kopflosigkeit einer schmalzsiedenden Magd"* 147 Häuser in Flammen aufgegangen. Die Liste der großen Brände ließe sich beliebig fortsetzen. Kaum eine Stadt,

die nicht wenigstens einmal durch den Raub der Flammen bis auf die Grundmauern zerstört wurde. Unter solchen Umständen ist es nicht verwunderlich, daß die erste Sorge eines verantwortungsbewußten Rates dem aktiven Brandschutz und der Brandvorbeugung galt. Seit dem 12. Jahrhundert wurden die mittelalterlichen Ansiedlungen planmäßig mit Laufbrunnen versehen. Da die Förderkapazität einer Röhrfahrt aber begrenzt war, richtete man sich bei der Dimensionierung der Brunnentröge und Wasserspeicher nach dem geschätzten Löschwasserbedarf im Ernstfalle. Häufig faßten einzelne Brunnentröge weit mehr als einhundert Kubikmeter Wasser und hielten diese ständig für den Notfall bereit. In Rothenburg o.d.T. konnte das Bekken des Hauptbrunnens rund 800 m^3 Wasser speichern. Noch 1779 bestand nach der „Fürstlich Hessen-Hanauischen Feuerordnung" die Vorschrift, daß jeder Brunnentrog für eine Löschwassermenge von einhundert Kubikmeter ausgelegt sein mußte. Um das Brunnenwasser vor Verunreinigungen zu schützen, wurden um die Brunnen Zu-

Das Brunnenhaus in Kuttenberg, Böhmen. Es stellt ein geschlossenes innerstädtisches Wasserreservoir mit kleinen außenliegenden Ausläufen dar.

Die öffentlichen Brunnen waren Dreh- und Angelpunkte des Lebens in einer Stadt. Die Abbildung zeigt den Brunnen im thüringischen Ilmenau. Zeichnung von Ferdinand Lindner, um 1900.

gang verhindernde Eisengitter aufgestellt. Zur Trinkwasserentnahme dienten kleinere Nebenbrunnen. Zusätzlich zum Hauptbrunnen waren in größeren Städten als weitere Reserve bis zu sechs hintereinander angeordnete Tochter-Laufbrunnen angelegt, die jeweils vom Überlaufwasser des vorigen Brunnen gespeist wurden. Die Überläufe der Tochterbrunnen wurden von den Brunnenbaumeistern häufig so angelegt, daß der austretende Wasserstrahl nicht mit einem Trinkwasserkrug erreicht werden konnte. Das ständig überlaufende „Abwasser" konnte gegen Gebühr von Privatpersonen bezogen werden.

Bei der Brandbekämpfung spielten die mittelalterlichen Zünfte eine führende Rolle. Je nach Anzahl der Mitglieder war ihnen durch den Rat der Stadt eine bestimmte Anzahl Löscheimer zugeteilt, mit denen sie an einer Brandstelle präsent sein mußten.

Die Röhrenfahrt war auch im Mittelalter die Lebensader einer befestigten Stadt. Im Belagerungsfalle wurde den Städten häufig als erstes das Wasser abgegraben. Da der Röhrenmeister oft als einziger über deren Verlauf informiert war, und dies den Feinden verraten konnte, galt er als Geheimnisträger ersten Ranges. Durch sein Wissen hatte er sogar eine nicht unerhebliche Macht über den städtischen Rat. Dies konnte manchmal zu einer außergewöhnlichen Personalpolitik führen. So getrauten sich in Nürnberg zum Beispiel die Räte nicht, den dortigen Röhrenmeister Hans Faust, trotz ständiger Trunkenheit und anderer Delikte seines Amtes zu entheben, da man befürchtete, Faust könnte über die Lage der Deichelfahrten plaudern.

Mittelalterlicher Brunnen in Coburg. Die Frau, vermutlich eine Dienstmagd, füllt eine hölzerne Butte, in der sie das Trinkwasser auf dem Rücken nach Hause tragen wird.

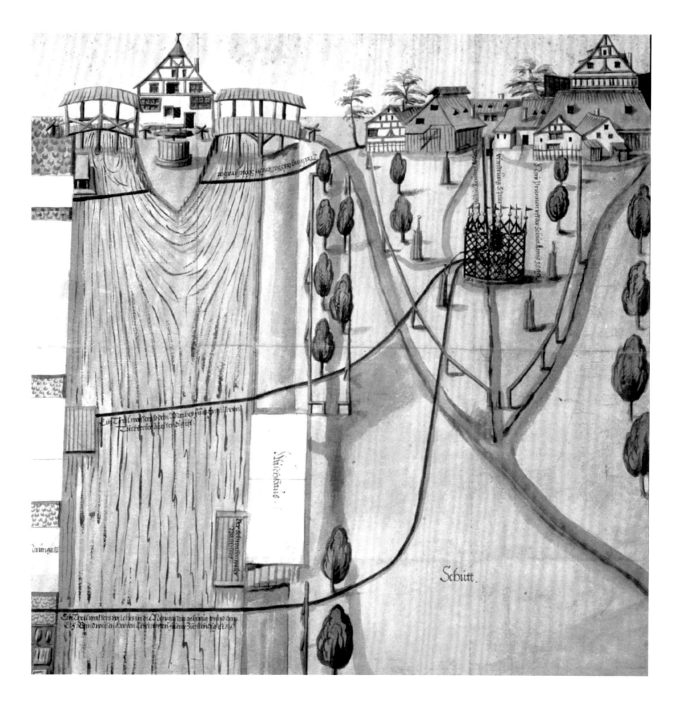

Deicheln – die Rohre des Mittelalters

Während des Mittelalters galt Blei für die Herstellung von Wasserleitungen als zu kostspielig. Das in Deutschland gewonnene Metall wurde ausschließlich zum Saigern von Silbererzen verwendet. Lediglich Klöster und einzelne Herrensitze konnten sich den Luxus bleierner Wasserleitungen leisten. Blei wurde allenfalls für kurze Nebenleitungen, Abzweigungen mit kleinem Querschnitt und für die Versorgung öffentlicher Brunnen oder Fontänen eingesetzt. Gebrannte Tonrohre waren seit der Vorzeit bekannt und hatten sich auch für größere Wasserleitungssysteme als brauchbar erwiesen. Ton war jedoch als Rohmaterial nicht überall in ausreichender Menge verfügbar. Fertige Tonwaren waren sehr bruchempfindlich und für einen weiten Transport auf den holprigen Straßen der damaligen Zeit nicht geeignet. An Holz dagegen mangelte es im waldreichen Deutschland nicht. Ausgehöhlte Baumstämme hatten bereits die römischen Besatzer benutzt, um Wasserleitungen für ihre Castelle einzurichten. Plinius berichtet in seiner 'Historia Naturalis': *„Fichte, Rottanne und Erle werden zu Wasserleitungen angebohrt. Unter der Erde bleiben sie viele Jahre hindurch brauchbar."*

Reste einer römischen Deichel mit geschmiedetem Eisenring, um 100 n.Chr..

In Norddeutschland nannte man diese Holzrohre Pipenstamm (engl. *pipe* = Rohr), in Süddeutschland Deicheln, Teicheln oder Teucheln. Im Verhältnis zu Blei- und Tonrohren hatten sie eine relativ kurze Lebensdauer. Um diesem Mangel zu begegnen, wählte man besonders harzhaltige Hölzer zur Verarbeitung, bei welchen man wiederum auf günstige Wachstumsbedingungen und auf eine ausreichende Stammdimension achtete. Geflößte Stämme eigneten sich besonders gut, weil beim Wassertransport die schädigenden organischen Stoffe aus dem Holz ausgeschwemmt wurden. Wo Flößerei nicht möglich war, lagerte man die ausgewählten Stämme in besonderen Teichen oder Deichelgräben. Anfangs wurden die Stämme der Länge nach gespalten. In die untere Stammhälfte schlug man mit dem Dechsel mittig eine Laufrinne ein. Anschließend wurden beide Hälften wieder zusammengefügt und miteinander verbunden.

Römischer Deichelring, um 100 n. Chr..

Abb. linke Seite: Deichelfahrten mit Verzweigungen auf der Insel Schütt in Nürnberg, nach 1589.

Der Bergbau war Vorreiter in der Wasserhebung. Hier entschied eine geordnete Wasserhaltung über den finanziellen Erfolg oder Ruin einer Grube. Für die Entwässerung der Stollen wurden bereits in der Antike leistungsfähige Pumpen und Wasserhebemaschinen entwickelt. Georg Agricola geht daher 1556 in seinen Büchern über den Bergbau auch ausführlich auf die manuelle Herstellung von Deicheln ein, die wie auf dem Bild unten rechts gezeigt, auch für den Bau von Kolbenpumpen verwendet werden konnten.

Dieses Verfahren war zwar mit einfachen Mitteln auszuführen, hatte jedoch undichte Leitungen zur Folge. Bei unterflur verlegten Deichelfahrten bedeutete dies nicht nur, daß ein Teil des Trinkwassers im Erdreich versickerte, sondern auch, daß fäkalienverseuchtes Oberflächenwasser ins Leitungssystem eindringen konnte.

Sehr viel geeigneter waren durchbohrte Baumstämme die rundum dicht und fest miteinander verbunden waren. Die einfachste Methode, hölzerne Rohre miteinander zu verbinden war, ihre Enden konisch zuzuarbeiten und ineinanderzustecken. Zunächst wurden die Enden mit dem Beil oder Haumesser zugeschlagen. Damit auf beiden Seiten gleiche Winkel entstanden, verwendete man bald spezielle Klingenwerkzeuge für die Nacharbeit. Das spitze Deichelende wurde mit einem Spitzkopf abgedreht, den passenden Innenkonus schälte man mit einem Muffenschaber aus. Größere Rohre wurden stumpf abgesägt und mit einer ‚prunnbüchse' verbunden. Dies war ein zylindrisch geschmiedeter Eisenring, der am äußeren Durchmesser mittig mit einem Ringwulst versehen war. Die beiden Enden waren zugeschärft beziehungsweise gezackt. Der Ring wurde jeweils hälftig in beide zu verbindenden Deichelenden eingeschlagen. Dies ergab eine festsitzende und - zumindest in den ersten Jahren - dichte Rohrverbindung.

Turbinengetriebenes Vertikalbohrwerk zur Herstellung von Holzrohren um 1430. Der Bohrer wird durch ein waagrecht drehendes Wasserrad angetrieben.

Das Ausbohren der Stämme geschah zunächst mit Löffelbohrern von Hand. Es war eine langwierige und anstrengende Arbeit. Um sich diese Mühsal zu erleichtern, konstruierte der Nürnberger Stadtbaumeister Endres Tucher 1430 zur Deichelherstellung die erste Horizontalbohrmaschine. Offensichtlich genügte die Bohrmühle Tuchers Ansprüchen noch nicht, denn im folgenden Jahr ließ er sich von einem Joseph aus Ulm ein verbessertes Vertikalbohrwerk bauen. Bei diesem war der Bohrer nach oben gerichtet, damit man ihn *„nit ausziehen solt, das er die Spän woll fallen lassen."* Der Bohrer selbst war an einem horizontal drehenden Schaufelrad befestigt, das durch einen schräg auftreffenden Wasserschwall angetrieben wurde. Mit diesem Bohrwerk konnten jetzt pro Tag bis zu 15 Holzrohre von sechs Metern Länge produziert werden.

Eine deutliche Verbesserung brachte ein im 17. Jahrhundert entwickeltes Horizontalbohrwerk, bei dem der zu bearbeitende

Der 'Mathematico und Mechanico' der Aufklärung Jacob Leupold beschreibt in seinem „Schauplatz der Wasser-Bau-Kunst" von 1724 die Herstellung hölzerner Deicheln.

Das XII. Capitel.
Von höltzernen Röhren.

§. 86.

Als Wasser von einem Qvell, Brunn, oder dergleichen, bis zu einem andern Orth zu leiten, und zwar, daß solches Wasser wider Hitze, Frost und Unreinigkeit gesichert ist, ja daß es einem Berg ab und den andern hinauff steigen muß, ist insgemein nichts bequemers als die höltzern gebohrten Röhren, nicht nur weil Holtz noch meist überall zu bekommen, sondern auch weil solche Arbeit nicht gar zu kostbar fället, absonderlich auch wo das Holtz nicht allzuweit anzuschaffen. Es kömmet aber bey denen höltzernen Röhren vor und ist sonderlich in Obacht zu nehmen,

§. 87.

Was vor Holtz, sowohl wegen seines Geschlechtes, als auch wegen seiner Stärcke oder Dicke, zu erwehlen, wenn es zu fällen, und wie es zu conserviren vor und nach den Bohren, ingleichen was vor und bey dem Legen in Obacht zu nehmen.

Was die Arth des Holtzes anbetrifft, so werden solche Röhren insgemein von Küfern Holtze verfertiget. Küfern ist eine Arth Wald-Holtz, mit Tangel, und den Fichten und Tannen-Holtze, sowohl wegen des Wuchses, Tangels, als Orthe, sehr verwandt, nur daß die Tangel um die Aeste meist in Circkel herum wachsen, da hingegen bey der Tann der Tangel nur flach wächset von beyden Seiten.

Es wächset diß Küferne Holtz überall, in unserm Gebürge, dem Voigtlande, Thüringen, unter den Fichten und Tannen, in Nieder-Sachsen, Lausitz, der Marck Brandenburg, auch schon in der Dübischen Heyde findet man solche meist alleine, und sind Tannen und Fichten allda wenigen bekannt.

Es werden auch Röhren von Erlen-Holtz gemachet, welche zu Machinen, als Püschel-Künsten, Pompen, und dergleichen, gar gut thun, weil es sich glätter bohren läst als das Küferne. Man findet auch Eichene, die aber sehr kostbar fallen.

Die Dicke betreffend, so wird zu 4-borichten Röhren das Holtz selten über 8 Zoll genommen, die ein-bohrichten niemahls unter 6 Zoll.

§. 88.

Die Zeit solches Holtz zu fällen, ist gleich wie bey dem andern Bau-Holtz, am besten im December, oder wenn das Holtz am wenigsten Safft hat.

Wenn es gefället oder niedergeschlagen ist, muß solches nicht eher zu Röhren geschnitten werden, bis man solche bohren will, absonderlich wenn es im Sommer geschiehet, weil es sonst bey dem Schnitt gerne aufreisset, auch muß die Rinde nicht abgeschälet, noch solches in die Sonne geleget werden, weil beydes schädlich ist, und zum Aufreissen Gelegenheit giebt.

Die Röhren zu bohren, geschiehet vermittelst eines Bohr-Stuhls, und gewissen darzu eingerichteten Bohrers.

Stamm auf einem hölzernen Schlitten festgekeilt oder festgeschraubt werden konnte. Der Stamm wurde dann in Richtung des Bohrers bewegt und konnte zum Entspanen leicht zurückgezogen werden. Damals bildete sich auch eine auf Erfahrung beruhende Normung aus. 1724 beschrieb Jacob Leupold, daß für ein Rohr mit einem Nenndurchmesser von vier Zoll (= 10 cm) ein Stamm von etwa 20 cm Durchmesser nötig sei, für einzöllige Deicheln sollte der Stammdurchmesser nicht unter 15 cm gewählt werden. Üblicherweise hatte eine Deichel etwa eine Länge von 3,50 m.

Deichelfahrten erwiesen sich für die Städte als aufwendige und teure Einrichtungen. In Sand und Kiesböden überdauerten Deicheln etwa zwölf Jahre, in lehmigen Böden konnten sie dagegen 50 Jahre und länger Bestand haben. Für Zürich wurde nachgewiesen, daß die hier verlegten Holzrohre alle 10 bis 20 Jahre erneuert werden

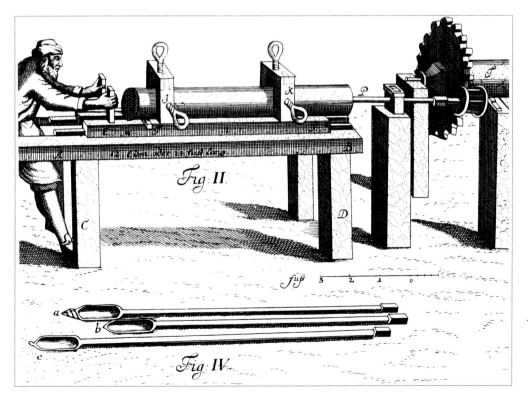

Leupolds Horizontalbohrwerk zur Herstellung von hölzernen Deicheln. Die Bohrmühle konnte sowohl mit Wasserkraft als auch mit Pferden oder einem Laufrad angetrieben werden. Um die Späne beim Bohren zu entfernen, konnte der Stamm auf den Gleitschienen vom Bohrer gezogen werden. Im Vordergrund dreierlei Bohrgestänge: a. ein Schneckenbohrer, b. ein Schaufelbohrer und c. ein sogenannter Hackenbohrer. Nach Jacob Leupold, 1727.

Hölzerne Deicheln. Zuoberst ein etwa achtzigjähriges Holzrohr, unten zwei frisch gebohrte Deicheln und eine geschmiedete Muffe, wie sie heute noch vereinzelt auf Höfen im Erzgebirge Verwendung finden.

mußten. Hieraus ergab sich ein Verbrauch von 400 Deicheln pro Jahr. Im 17. und 18. Jahrhundert war diese Zahl auf 700 Stück angewachsen. Für Druckleitungen waren Holzrohre ungeeignet, sie konnten Drücken von maximal 1,5 bar standhalten. Die Wasserverluste waren in diesem Fall sehr hoch. Trotz aller Nachteile stellten Deichelfahrten in Deutschland über Jahrhunderte hinweg die verbreitetste und meist einzige Wasserleitungsart dar.

Die Rohrnetze mittelalterlicher Städte wie Ulm (ab 1340) und Augsburg (ab 1416) sowie die Schloßwasserkünste von Nymphenburg, Herrenhausen und der Eremitage bei Bayreuth (im 17./18. Jh.) bestanden aus unterflur verlegten Holzröhren. Allein die Druckleitungen in den Wassertürmen und die Armaturen waren oft aus Metall. Für Faystenoy (Allgäu) und Kempten sind Deichelfahrten bereits für das Jahr 1000 nachgewiesen. Für die Salzgewinnung wurde 1617-1619 von Reichenhall nach Traunstein eine 31 km lange Deichelleitung verlegt. Mit Hilfe von sieben Brunnenhäusern konnte die Reichenhaller Sole hier über einen 260 m hohen Bergrücken hinweggepumpt werden.

Über die hygienische Seite hölzerner Teuchelfahrten mag der Bericht des Ulmer Stadtbaumeister Trän aus dem Jahre 1850 Auskunft geben: *„Um auf die Reinlichkeit dieser Anlage zu kommen, erwähne ich zuerst die im Zustand der Verwesung befindliche hölzerne Teuchelanlage. Wer die täglich vorkommenden Teuchelbrüche genau besichtigen will, wird schon an dem verfaulten Holz genug finden, ohne sich von der Schmier und Jauche, die man aus der Teuchel handvollweis ziehen kann, überzeugen zu wollen, und welche beiläufig gesagt durch influirende Abtritte, in deren Nähe die Lage führt und welche ihr umliegendes Terrain infiscieren, einigen Beisatz erhält. Es könnte dieses Kapitel noch bündiger mit Tatsachen beleuchtet werden, wenn nicht die Decenz gegen das Publikum mehr Rücksicht erfordern würde. Aber in diesem eckelerregenden Stand befindet sich wirklich das ganze 40.000 Zoll lange Kanalsystem, welches die Stadt mit Trinkwasser versorgt."*

Gebohrte Holzröhren werden noch heute für die private Wasserversorgung im Erzgebirge verwendet, wo sie sich während der DDR-Planwirtschaft als Ersatzmaterial für fehlende Eisenrohre über Jahrzehnte vorzüglich bewährt haben.

Übergangsstück einer hölzernen Deichelfahrt in ein Tonrohrsystem. Mit dem Schälbohrer wurden die Öffnungen für Bleirohranschlüsse oder Inspektionsöffnungen in die Deicheln gebohrt.

Der Böttger (Faß-
binder) 1
mit dem Schurzfelle 2
umgethan
macht
aus Haselruthen 3
über der Schnitzbank 4
mit dem Schnitzmesser 5
Reife,
und aus Holz
Dauben. 6
Aus Dauben
macht er
Fässer 7
und Tonnen 8
mit zwei Böden;
dann Kufen, 9
Waschbecken (Spühlge-
fäße), 10
Butten 11
und Eimer, 12
mit einem Boden.
Hernach bindet er sie
mit Reifen, 13
welche er heftet
mit Hilfe des Bind-
messers 14
mit weiβenen Zainen, 15
und mit dem Schlägel
16
und Treiber 17
anschlägt.

Text, Abbildung und Beschreibung aus 'Orbis sensualis pictus', 1833.

Badegefäße aus Holz

Der römische Geschichtsschreiber Tacitus (um 55 bis 115 n. Chr.) berichtete von den Germanen: „... *sogleich nach dem Schlafe, den sie meist bis in den hellen Tag hinein ausdehnen, waschen sie sich, und zwar gewöhnlich mit warmem Wasser, weil es ja dort den größten Teil des Jahres Winter ist ...* ." Cäsar (100 - 44 v. Chr.) erwähnte in seinen Schriften über den Gallischen Krieg das gemeinsame Bad der germanischen Männer und Frauen. Die altgermanische Vorliebe für das Wasser und Baden wird auch von anderen römischen Schriftstellern hervorgehoben. Da die Nordvölker selbst keine Schrift kannten, gelten die römischen Texte als die frühesten Hinweise auf die Hygiene unserer Vorväter. In der angelsächsischen Sage des Beowulf hört man von siebentägigen Wettschwimmen. Geschichtliche Quellen aus der Zeit um das Jahr 1000 beschreiben die Tauchkünste des Wikingerkönigs Olaf II. und die Gewandtheit Kaiser Ottos II. im Schwimmen.

Beim heimischen Bad unterschied man grundsätzlich mehrere Arten von Bädern: das Wannen- oder Kübelbad sowie das Heißluftbad in Form des feuchten Dampf- oder des trockenen Schwitzbades. Während man für Heißluftbäder aufheizbare Räume benötigte, fand das nasse Vollbad in hölzernen Wannen oder Zubern statt. In besseren Häusern des Frühmittelalters war es Brauch, dem gern gesehenen Gast oder dem ankommenden Fremden ein Bad als Willkommensgruß zu bereiten.

Das Badegefäß bestand in der Regel aus Holz. Es war ursprünglich kreisrund und wurde aus einem ausgehöhlten Stamm, der von einem Ring aus Weiden- oder Haselnußruten zusammengehalten wurde, hergestellt. Erst in späterer Zeit schuf der Küfer oder Böttcher ovale, eirunde oder länglich-viereckige Badegefäße aus Holz, die dem gemeinsamen Bad von Angehörigen beiderlei Geschlechts dienten. Ein gemeinsames Bad wurde in der Regel mit ausgiebiger Bewirtung verbunden.

Private Baderäume kannte man im frühen Mittelalter kaum. Die hölzernen Kufen wurden bei Bedarf in den beheizbaren Schlaf- oder Wohnbereich getragen und hier zum Bad vorbereitet. Erwärmt wurde das Badewasser anfangs durch am Feuer erhitzte Steine, die man zischend in die Badekufe warf. Mit Verbesserung der Öfen

Tristan wird von Isolde beim Bad in der Kufe überfallen. Wandmalerei auf Burg Runkelstein in Tirol. Nach Selos und Zingerle, Ende des 14. Jh.

Das Wasserbad. Kalender-Holzschnitt von Urs Graf, Zürich 1508.

Über Jahrhunderte lieferte der Böttger die Behältnisse zur Aufbewahrung und für den Transport von Flüssigkeiten, darunter auch die hölzernen Badegefäße. Figur F.21 ist beschrieben mit: „BAIGNOIRE ein Gefäß oder Cuve worinnen man sich badet." Figur 18 zeigt einen offenen Behälter, wie er während des frühen Mittelalters als Badewanne üblich war. Aus: Schauplatz der Künste und Handwerke, 1765.

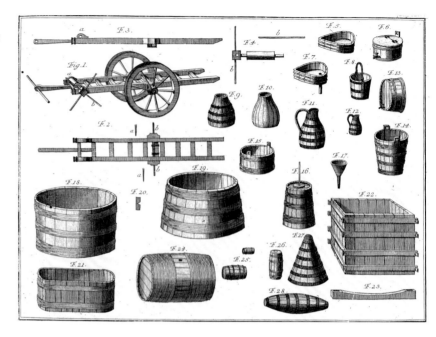

Abbildungen unten und gegenüberliegende Seite: verschiedene Kufen für Wasser-, Dampf- und Kräuterbäder im 16. Jahrhundert. Aus: Dryanders Arzneispiegel, 1547.

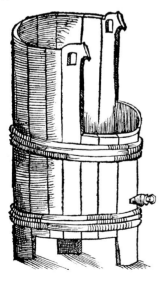

und Herde trat an Stelle der Steine, selbst im Sommer, ein Kessel mit heißem Wasser, so daß das Bad ganz nach persönlichem Geschmack gemischt werden konnte. Wollte man dem Gast oder sich selbst etwas besonders Gutes tun, bestreute man die Wasseroberfläche mit wohlriechenden Rosenblütenblättern. Im Wasser liegend ließen sich die Badenden durch Diener oder Dienerinnen mit Lauge säubern, massieren, kämmen und striegeln.

Die Klöster hatten bereits sehr früh eine ausgeprägte Badekultur entwickelt. Im Grundriß des Klosters von St. Gallen aus dem Jahr 820 sind in der Nähe der Küche gleich mehrere Baderäume eingezeichnet. Im Kloster Maulbronn findet man über einem gewölbten Heizraum einen kleinen Baderaum, der über kleine Verbindungsöffnungen im Boden von unten beheizt wurde. Mit dem 15. Jahrhundert tauchen auch in den Beschreibungen der Burgen, wie zum Beispiel auf Burg Runkelstein bei Bozen, erste ‚Badestuben-Kemenaten' neben der Backstube auf. Die einfach zu heizenden Backstuben wurden zugleich als Sauna oder Heißluftbad benutzt. Auch der einfachen Bevölkerung standen selbst in kleineren Ortschaften einfache Badestuben zur Verfügung. Der Landesherr oder die städtische Obrigkeit erteilten hierfür gegen Zahlung einer Steuer das Privileg. Diese Genehmigungspflicht hatte zum Teil auch für private Badestuben Gültigkeit. Eigentümer der Badestuben konnten Gemeinden, Klöstern, kirchliche Institutionen oder auch angesehene Privatpersonen sein. Üblicherweise waren sie an einen Bader verpachtet, der sie betrieb. Der Pächter mußte sich verpflichten, monatlich eine bestimmte Anzahl an Bädern unentgeltlich für Kranke und Bedürftige auszurichten. Während der üblichen Öffnungszeiten stand das Bad jedermann gegen Zahlung einer geringen Gebühr zur Verfügung. Um den Einwohnern bekannt zu machen, daß das Wasser im Bad geheizt und die Kufen bereitet sind, gingen Ausrufer durch die Stadt, woraufhin die Badegäste, um Kleiderdiebstählen vorzubeugen, sehr leicht bekleidet in das Bad strömten.

Im frühen Mittelalter war es üblich, an den Vorabenden großer kirchlicher Feiertage, wie Ostern, Weihnachten, Pfingsten, vor der Kommunion oder auch vor Eheschließungen ein Bad zu nehmen. Später suchte man das Bad wenigstens einmal pro Woche auf. Handwerksmeister waren verpflichtet ihren Gesellen hierzu die nötige Zeit zu geben. Unser heutiges ‚Trinkgeld' nannte man damals ‚Badgeld'. Ein Sprichwort lautete: *„Wer einen Tag froh sein will, der geht ins Bad."* Die Badestuben dienten in erster Linie dem Vergnügen, erst an zweiter Stelle kam die Reinlichkeit. Bei festlichen Anlässen spendeten Wohlhabende oder Fürsten dem Volk ein ‚Freibad'. Anläßlich einer Hochzeit war es möglich, daß die ganze Hochzeitsgesellschaft abends, zum Feiern, in die Badestube zog, wo es dann recht hoch hergehen konnte.

Die Beliebtheit von Badestuben läßt sich am besten an ihrer Anzahl in den einzelnen Städten ablesen: In Mainz gab es im 14. Jahrhundert vier öffentliche Badestuben, Würzburg besaß um 1456 acht. In Ulm wurden gegen Ende des Mittelalters 11 Badehäuser gezählt, nimmt man hier die Privatbäder dazu, so waren insgesamt 168 Bäder vorhanden. In Nürnberg gab es 12 öffentliche Badestuben, in Wien 29 und in Frankfurt am Main waren es 15.

Der Beginn des Eisenhüttenwesens und die Nutzung der Wasserkraft

In überlieferten Schriften des Mittelalters wird das Wort „ferrum" (= Eisen) nur selten erwähnt. Eisen benötigte man lediglich für Kriegsgerät, schneidende Werkzeuge und Beschläge. Der Werkzeugbestand der damaligen Wirtschaft bestand im allgemeinen aus Holz. Eisen wurde lediglich für den lokalen Bedarf einer Gemeinde oder eines Anwesens gewonnen.

Als sich im Jahre 1108 der Zisterzienserorden als reformierter Zweig von den Benediktinern abspaltete, strebte die neue Gemeinschaft nach einem autarken und zurückgezogenen Leben außerhalb der Gesellschaft. Die Zisterzienser gingen davon aus, daß allein durch harte, fleißige Arbeit ein gottgefälliger Lebenswandel möglich sei. Je unwirtlicher und unerreichbarer eine Landschaft war, desto geeigneter erschien sie den Ordensangehörigen für ihr Lebensziel. Besonders angezogen wurden sie von den unzähligen Sümpfen in den Wäldern Europas, die herrenlos und unbewohnt auf Besiedlung warteten. Aus unfruchtbarer Wildnis entstanden durch die Arbeit des Ordens fruchtbare Landschaften. 1188 schrieb ein Chronist: *„Gebt diesen Mönchen ein nacktes Moor und einen wilden Wald. Dann laßt einige Jahre vergehen und ihr werdet nicht nur schöne Kirchen finden, sondern auch menschliche Wohnungen um sie herum."* Das asketische Leben der Zisterzienser zog innerhalb weniger Jahrzehnte eine große Zahl neuer Mitglieder an. In ganz Europa wurden neue Klöster gegründet. Um ein Leben in wirtschaftlicher Unabhängigkeit führen zu können, mußten sich die Klöster ihre eigenen materiellen Grundlagen schaffen. Die von den römischen Technikern bereits vor langer Zeit beschriebenen Wasserkräfte eigneten sich hierzu hervorragend. An Wassersammelstellen und Teichen errichteten die Mönche Mühlen, mit denen sie Sägen, Schmieden, Hammer- und Pochwerke antreiben konnten. Um ihre Landschaften urbar zu machen und größtmögliche Ernten zu erzielen, setzten die Zisterzienser im

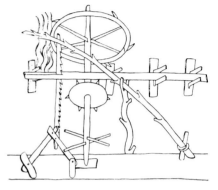

Abb. oben: Dem Zisterziensermönch Villard de Honncourt verdanken wir die älteste Skizze einer durch Wasserkraft angetriebenen Sägemühle mit selbsttätigem Vorschub aus dem Jahre 1235.

Abb. linke Seite: Der Mittelteil (Rückseite) des Bergaltars der St. Annenkirche in Annaberg-Buchholz stellt ein einmaliges Dokument des erzgebirgischen Montanwesens zu Beginn des 16. Jh. dar. Gezeigt werden das Leben und die Tätigkeiten der damaligen Bergleute. Die Berghänge sind bedeckt mit zahlreichen Kauen, Stollenmundlöchern und Handhaspeln, mit denen das Erz zu Tage gefördert wird. Auch Göpelwerken und die Kraft der Pferde wurden zur Erzförderung benutzt. Galgen und Rad auf dem Hügel in weiter Ferne warnen den Betrachter eindringlich davor, sich gegen die Obrigkeit aufzulehnen. Gemälde von Hans Hesse, nach 1521.

Auswurfhammer nach einem Holzstich aus dem 16. Jh..

Mittelalter als erste verstärkt eiserne Werkzeuge ein. Die Eisengewinnung hierfür übernahmen sie selbst. Bis zum Ende des 13. Jahrhunderts waren 35 Klöster mit der Eisenproduktion befaßt. Allein im Walddistrikt Wassy an der Marne machten sich sechs Klöster mit ihren Hüttenwerken Konkurrenz. Einige Abteien produzierten über den Eigenbedarf hinaus auch für den Verkauf. Dem Beispiel der Klöster folgend begannen sich auch weltliche Grundherren einer kommerziell betriebenen Eisengewinnung zuzuwenden. Ungefähr an dem hohen Mittelalter waren die meisten Stadt- und Landgemeinden mehr oder minder an der Eisenproduktion beteiligt. Während viele Gemeinwesen kaum mehr Eisen verarbeiteten, als sie für sich selbst benötigten, waren erzreiche Orte auch auf Absatz aus. Hierzu bedurfte es eines funktionierenden Fernhandels und weiterverarbeitender Betriebe. Der Eisenhandel hatte zu dieser Zeit ausgezeichnete Entwicklungsmöglichkeiten. Neben dem Kriegswesen und der Landwirtschaft vermeldeten ab dem 13. Jahrhundert auch die Städte erhöhten Bedarf. Mit der Umwandlung des Landgewerbes in städtisches Gewerbe hatte eine wirtschaftliche Entwicklung eingesetzt, die zu einer gesteigerten Nachfrage an eisernen Gerätschaften aller Art führte. Im Gegenzug engagierten sich städtische Kaufleute verstärkt an Gruben und Eisenproduktionsstätten in ländlichen Gebieten.

Anfangs lieferte die Hüttenförderung nur Renneisen und Gußeisen erster Schmelze. Aus dieser Rohluppe stellte der Dorf- oder Stadtschmied die Art Eisen her, die er für die Ware seines Gewerbes als Plattner, Messer-, Sensenschmied oder Schlosser usw. benötigte. Bald entstanden weiterverarbeitende Hammerhütten, die die Verfeinerung des Roheisens für die einzelnen Berufe übernahmen. Mit zunehmender Nachfrage reichte die Muskelkraft der Schmiede allein nicht mehr aus. Unter Ausnutzung der Wasserkraft entstanden deshalb in wasserreichen Tälern mit ausreichend Wald für Brennmaterial die ersten Hammerwerke für die Eisenherstellung.

Für die wohlhabenden Bürger der aufstrebenden Stadt Nürnberg im 14. Jahrhundert stellte die Eisenproduktion in der Oberpfalz eine Herausforderung dar. Das Nürnberger Kapital kaufte, finanzierte oder erbaute eine große Zahl Hämmer, die im Tal der oberen

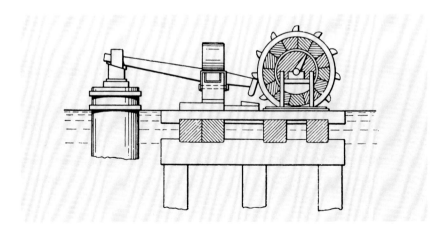

Prinzip eines wasserradgetriebenen Schwanzhammers, wie er zum Schmieden von Eisen benutzt wurde.

Eisenherstellung um 1580. Auf dem Berg links sowie im Vordergrund Haspelzieher, die das Erz mit Winden aus der Grube fördern. Das Gestein wird mit Schubkarren zum Hochofen gefahren, in den ein Hüttenarbeiter körbeweise Holzkohlen kippt. Ein Wasserrad treibt das Gebläse für den Hochofen an, das andere den Schmiedehammer mit dem der Waldschmied das Eisen zubereitet. In der Bildmitte ein überdachter Arbeitsplatz zum Zerkleinern des Gesteins. Ausschnitt aus 'Der Turmbau zu Babel', Gemälde von Martin van Valckenborghs.

Pegnitz, weniger als 50 km von Nürnberg entfernt, bald dicht an dicht aufgereiht standen. Eisenhämmer produzierten selbst am Unterlauf der Pegnitz bis vor die Tore der Stadt. Um eine Überproduktion zu vermeiden und den Holzbedarf der Stadt zu schützen, wurde die Hammerzahl schließlich im nahen Stadtumland gesetzlich begrenzt und der Rat bestimmte, daß im Handwerk der Blechschmiede niemals mehr als fünfzehn Meister tätig sein durften. Sehr bald engagierten sich Nürnberger Kaufleute auch im Eisenfernhandel. Durch den Wettbewerb mit Amberg standen Nürnberg vor allem die Handelswege nach Westen, in Richtung Frankfurt/Main, offen. Mit Eisenlast schwer beladene Frachtschiffe aus Nürnberg wurden in den folgenden Jahrzehnten immer wieder im Zusammenhang mit Havarien auf dem Main erwähnt.

Wichtiger noch als der Handel mit Eisen war für das Nürnberger Gewerbe das Metall selbst. Im Statutenbuch aus dem frühen 14. Jahrhundert ist festgehalten, daß das erste Hammerwerk, welches eine Betriebserlaubnis in den stadtnahen Wäldern erhielt, sein Eisen ausschließlich für den Bedarf des Nürnberger Handwerks zu produzieren hatte. Keinesfalls durfte an Kunden geliefert werden, die es 'unbereitet' aus Nürnberg ausführten. Das Eisen war vor allem für die Plattner vorgesehen, denen später, zur Deckung des gestiegenen Materialbedarfs, von der Stadt weitere Hammerwerke eingeräumt wurden.

In einem alten Bericht über die Nürnberger Handwerke heißt es: *„unter den zum rat geforderten acht handwerken waren die bechschmit daß vornembste und älteste geschlecht der handwerker in der stadt ..."* Seit 1435 finden sich immer wieder Ratsherren namens Zinner, einer Bezeichnung, die ohne Zweifel auf das Gewerbe des Namensträgers zurückführt.

Außer zu den Hämmern im nahen Pegnitztal pflegte die Stadt Nürnberg auch enge Handelsbeziehungen zu den Bergwerken und Hämmern in der ostbayrischen Provinz Oberpfalz. Dort hatten Hammerwerke bereits damals schon eine alte Tradition. Es gibt Hinweise darauf, daß in den wasserreichen Tälern der Region bereits im Jahr 970 schon Hammerwerke mit schweren Hämmern gearbeitet haben. Auch deutet der Name des 1010 erstmals erwähnten Ortes Schmiedmühlen auf ein altes Hammerwerk hin.

Das aufkeimende Montanwesen war von ausschlaggebender Bedeutung für die Wasserversorgung der Städte. Der Erfolg der Gruben hing wesentlich von der Beherrschung des Grundwassers ab. Bereits in wenigen Metern Tiefe sickerte soviel Wasser aus den Klüften des Gesteins, daß die Bergleute gangbare Mittel und Wege ersinnen mußten, um die Schächte vom eindringenden Wasser zu befreien. Zunächst wurden die Gruben mit Eimern leergeschöpft. Doch das band Arbeitskräfte und minderte die Produktivität und den Gewinn der Bergwerke. In der Zeit um 1600 waren allein im Freiberger Bergbau zweitausend Wasserknechte damit beschäftigt, die Schächte wasserfrei zu halten. Die kommerziellen Interessen der Grubenbesitzer erzwangen deshalb den Bau effektiver Wasserführungs- und

Nachhaltig für die ganze Wirtschaft Deutschlands wirkten sich ab dem 15. Jh. die Neuerungen im Montanwesen aus. Die Entwässerung der Gruben hatte zu den schwierigsten Aufgaben gehört, die endlich durch den Einsatz neuer Wasserhebeanlagen gelöst werden konnten. Eine der bekanntesten und interessantesten Wasserkünste der damaligen Zeit stellte die hier gezeigte 'Ehrenfriedersdorfer Radpumpe' dar. Der Begründer der Bergbauwissenschaft und sächsischer Arzt Georgius Agricola befand, daß sie „von allen die kunstvollste, die dauerhafteste und zweckdienlichste ist und ohne größeren Aufwand hergestellt werden kann". Die 'Ehrenfrieder Radpumpe' wurde zum ersten Mal um 1540 im erzgebirgischen Zinnbergbau eingesetzt. Die Pumpe war für Förderhöhen bis zwanzig Meter geeignet. In Schächten des 16. Jh. kamen bis zu drei dieser Pumpwerke nebeneinander und bis zu fünfzehn Pumpen untereinander zum Einsatz. Um möglichst viel Aufschlagwasser als Antriebskraft nutzen zu können, wurde bei Agricola ein Teil der geförderten Wassermenge zum Antrieb des Wasserrades benutzt. Die Kosten für die Wasserhaltung im Bergbau konnten mit dieser Anlage auf 10 bis 20 % der bisherigen Aufwendungen für Wasserknechte oder Pferdegöpel abgesenkt werden. Von der Entwicklung der Wasserkraftanlagen im Bergbau profitierten auch die Städte, die die Wasserkünste des Bergbaus sehr bald für die eigene Trinkwasserhebung nutzten.

Hebeanlagen. Zunächst versuchte man dem eindringenden Wasser mit Entwässerungsstollen, die über fünfzig Kilometer lang sein konnten, in tieferliegende Täler Ablaufmöglichkeiten zu verschaffen. Drangen die Gruben unterhalb der Stollensohle in die Tiefe vor, blieb den Bergleuten nur noch der Einsatz von Wasserhebeanlagen. Da die Förderhöhe der Pumpen im 16. Jahrhundert auf etwa sieben Meter Saughöhe plus 13 Meter Hubhöhe begrenzt war, mußte man bei Teufen von mehr als 200 Metern in den Entwässerungsstollen 10 bis 20 Pumpwerke übereinander einsetzen. Es ist naheliegend, daß die pekuniären Interessen der Grubenbesitzer immer effektivere Pumpanlagen entstehen ließen.

Ganz ähnlich verhielt es sich mit der Nutzung der Wasserkraft als Antrieb für die Pumpengestänge. Um genügend Antriebsenergie vorrätig zu halten, wurden aufwendige Kunstteiche mit mehreren Millionen Kubikmetern Fassungsvermögen und weit verzweigte Graben-

Um die am gegenüber liegenden Talhang gelegenen Erzgruben 'Anna' und 'Altväter' mit Wasserkraft zu versorgen, wurde bei Freiberg 1680 nach römischem Vorbild ein 188,5 m langer und 24 m hoher Kunstgraben-Aquädukt gebaut. Das zugeführte Wasser diente zum Antrieb der Entwässerungspumpen. Bedenkt man, daß zu jener Zeit die meisten Städte ihr Trinkwasser aus offenen Erdgräben bezogen, so wurde dieses Bauwerk zu Recht als eine technische Meisterleistung ohnegleichen angesehen. Eine Gedenkmedaille trug daher auch den Spruch:

„Was Menschen-Hand
durch Gott thun kann,
das sieht man hier mit Wunder an."

Der Einsatz der Wasserkraft trug ab dem 15. Jh. wesentlich zur Produktionssteigerung mittelalterlicher Gruben bei. Die Abbildung zeigt die 1556 in Betrieb genommene Wasserhebeanlage mit Kehrrad im 'Schwarzer Erbstollen' (aus: Kolber/Lässl, 'Schwarze Bergbuch' Innsbruck 1556).

systeme zur Wasserführung angelegt. Man achtete besonders darauf, daß das Wasser mehrmals hintereinander genutzt werden konnte. Auch das Pumpenwasser wurde wiederholt als Antrieb für tiefer liegende Wasserkünste eingesetzt. Vor allem bei der Wasserführung erinnerte man sich der Aquäduktbautechnik der Römer. Es ist nicht verwunderlich, daß im Mittelalter gerade Bergbauregionen auf dem Gebiet der Trinkwasserzuführung und Stadtentwässerung Vorbild waren. Die für den Bergbau entwickelte Wasserhebetechnik wurde in der Folge auch für die Trinkwassergewinnung in den Städten eingesetzt. In der Bergbaustadt Freiberg im Erzgebirge entstanden im 12. Jahrhundert sogar bergmännisch vorgetriebene Stollen, die der Stadtentwässerung dienten. Diese 'Anzüchte', an die sämtliche Häuser einer Straße angeschlossen waren, sind dort teilweise heute noch in Betrieb.

Die Entstehung und Verbreitung der Weißblechproduktion

Blech aus unterschiedlichen Metallen ist uns bereits aus der Frühzeit bekannt. Da diese Bleche mühsam von Hand aus Gußstücken ausgeschmiedet werden mußten, spielte die Blechproduktion im Altertum nur eine untergeordnete Rolle. Etwa seit dem 12. Jahrhundert erleichterten wasserradgetriebene Hammermühlen die Herstellung dünner Eisenplatten. Aus diesen Schwarzblechplatten fertigten die Plattnern die kunstvoll geschmiedeten Harnische und die fein ziselierten Rüstungen der Ritter.

Die durch Wasserhämmer geschmiedeten Bleche waren mit unseren heutigen Walzblechen in keiner Weise vergleichbar. Man formte sie aus einem massiven Eisenstück. Wegen der Art der Herstellung und der begrenzten Größe der Amboßbahn konnten lediglich kleine Blechtafeln ausgeschmiedet werden. Innerhalb einer Tafel kam es oft zu wechselnden Plattenstärken, Unebenheiten waren die Regel. Für den Anwender bedeutete die Korrosionsanfälligkeit des Eisenblechs ein großes Problem. Schützende Lacke, wie sie heute selbstverständlich sind, fehlten völlig. Ein Dr. Monardus aus dem spanischen Sevilla bot hier durch Aufklärung Hilfe an. In seinem 1580 entstandenen Theaterstück schrieb er über den rechten Umgang mit dem anfälligen Metall: *„Es hat das Eisen eine Krankheit, welche dasselbe verzehrt, nämlich den Rost, aber dawider sind viele Arzneien erfunden, also daß man dasjenige, so aus Eisen gemacht, sauber, ohne Staub und in trockenen Orten behalte, dasselbe oft gebrauche, mit Gold oder Silber überziehe, blau anlaufen lasse, mit Baumöl, Hirschwachs, Spieke, Fett von Geflügeln, Cerusin mit Essig versetzt usw. einschmiere. Wenns aber verrostet, ist nichts bequemer, denn es mit der Feile darüber her dasselbe abgefeilt, in Essig gelegt und durch ein Feuer gezogen, so bringt man den Rest hinweg, es wäre denn schon ganz angefressen und verzehrt, da kann keine Arznei mehr helfen."*

Die Kunst, Kupfer und Eisen mit einer schützenden Schicht Zinn zu überziehen, war bereits im Altertum bekannt. Die Phönizier besaßen einstmals das Monopol im Zinnhandel und dürften die ersten gewesen sein, die einzelne Stücke verzinnt haben. Theophrastus berichtet im 4. Jh. von den Athenern, daß sie rotglühendes Eisen in Zinn eintauchen: „Dieses Eintauchen geschieht nicht des Gewichts, sondern des Geschmacks wegen." Die Gallier entwickelten in späteren Jahren im Verzinnen eine solche Perfektion, daß ihnen Plinius die Erfindung des Verfahrens zuschrieb. Es handelte sich hierbei jedoch stets um die Veredelung einzelner Gegenstände. Das Verzinnen von Massenware sowie das Verzinnen von Eisenblechen blieb dem ausgehenden Mittelalter vorbehalten.

Es wurde versucht dem Korrosionsproblem bereits bei der Herstellung durch Verbleien oder Verzinnen der Oberflächen entgegenzuwirken. Damit sich der schützende Überzug innig mit dem rohen Eisen verband, mußten die Tafeln entsprechend vorbehandelt werden. Das geeignete Verfahren hierzu wurde vermutlich Anfang des 16. Jahrhunderts in Wunsiedel erfunden. Dies läßt die aus dem Jahre 1611 stammende Wunsiedler 'Zinnerordnung' vermuten, in der

Herstellen einer von Hand geschmiedeten Blechtafel. Biringucci, 1540.

ausdrücklich darauf hingewiesen wird, daß das *„löbliche Handwerckh der Plechzinnner"* vor langen Zeiten und *„vor anderen Nationen"* Ursprung und Anfang in Wunsiedel gehabt habe. Von Wunsiedel, so lautet die Urkunde weiter, sowie auch vom in der Nähe gelegenen Weissenstadt aus, würden die Bleche in entlegene Provinzen und Königreiche verkauft. Ein Chronist bemerkte 1677: *„An Zinn waren die Wunsiedeler Gruben so reich wie keine anderen, so daß hierorts sich zahlreiche Leute ansiedelten, die eiserne Bleche mit Zinn überdecken."*

Das Geheimnis der Weißblechherstellung lag vor allem in dem Verfahren, mit dem man das aufzutragende Zinn dauerhaft mit Eisenblech verbinden konnte. Hierzu war es nötig, daß man die Bleche bis auf das blanke Metall beizte. Das Beizmittel bestand aus zerschrotetem Roggen, den man unter Zumischung von Sauerteig und Aufbewahrung an einem warmen Ort in saure Gärung überge-

Schwanzhammer nach Weigel. „Das Handwerkzeug betreffend, so führet der Hammerschmied und Zeiner zu seiner Arbeit dreierlei Hämmer: als einen großen Streckhammer, einen mittelmäßigen, der Abrichthammer genannt, und alsdann einen kleineren, so sie den Zeinhammer heißen. Er bezwinget um so viel mehr und leichter auch die größten Stücke Eisen, weil er solche durch das Gebläse des Feuers erstlich wol glüet und vordem die Hämmer vermittelst einem Rade durch das Wasser getrieben und beweget werden, wodurch dasjenige gantz leidlich ausgerichtet wird, was sonst durch bloße Hand zu verrichten, unmöglich fallen würde." (Zitiert aus Ludwig Beck: 'Die Geschichte des Eisens', 1884-1893).

hen ließ. Die Bleche wurden länger als vierzehn Tage zuerst mit alter und anschließend mit frischer Beize geätzt. Anschließend wurden die blanken Bleche dreimal hintereinander in ein mit verrußtem Talg abgedecktes Zinnbad eingetaucht und über längere Zeit darin belassen. Die etwa 40x50 cm großen und 50 cm tiefen eisernen Zinnpfannen nahmen 500-600 kg Zinn auf. Dabei war es wichtig, die richtige Zinntemperatur zu treffen. War es zu dickflüssig, blieb es nicht haften, waren die Temperaturen zu hoch, floß das Zinn zu schnell ab und man erhielt eine mangelhafte Oberfläche. Im Anschluß an das Zinnen wurden die Bleche im sogenannten 'Schwarzwischkasten' mit Sägespänen und alten Lumpen abgewischt, die beim Ablaufen des Zinns entstandene Tropfkante wurde auf einer erhitzten Platte oder durch Eintauchen in eine Pfanne mit flüssigem Zinn abgeschmolzen und der Rand schließlich mit Moos geputzt. Nach diesem Vorgang, den der Zinner „Abwerfen" nannte, folgte eine Behandlung im Trockenofen. Im 'Weißwischkasten' wurden die Tafeln danach mit einem Gemenge aus Schlämmkreide, Kleie und Werg abgerieben und poliert. Nachdem die Poliermittelreste entfernt waren, wurden die Tafeln bundweise mit einem Holzschlegel auf dem 'Klopfstock' geschlagen, um die vorhandenen Beulen auszugleichen. In Holzfässer zu 450 Blatt verpackt, kamen die Weißblechtafeln als sogenanntes 'Faßblech' in den Handel. Der Zinnauftrag der Tafeln war weitaus stärker als heute und der Zinnverbrauch war entsprechend hoch. Die frühen Bleche erwiesen sich jedoch als sehr stabil und die daraus hergestellten Waren konnten dem Wetter ausgesetzt Jahrzehnte überdauern.

Trotz strenger Geheimhaltung des Verfahrens wurden bald auch in Böhmen große Mengen des begehrten Weißblechs produziert. Böhmen galt zu jener Zeit als die wirtschaftlich am weitesten entwickelte Provinz Österreichs.

Urkundlich wurde Weißblech zum ersten Mal im Jahre 1551 erwähnt, als Kaiser Ferdinand I. dem steirischen Landeshauptmann Hans Ungnad das Privileg erteilte, zu Waltenstein eines oder mehrere Hammerwerke zu errichten, *„in demselben schwarzes Blech zu schlagen, verzinnen zu lassen und damit ungehindert Handel durch 20 Jahre frei zu treiben."*

Das Wissen der Böhmen über die Weißblechnerei wurde im Zuge glaubenspolitischer Auseinandersetzungen im 17. Jahrhundert geradezu aus dem Land gedrängt. Im Mai 1618 rebellieren die böhmischen Stände gegen die Religionspolitik des als König von Böhmen regierenden Ferdinand II. Man warf ihm die Verletzung des „Majestätsbriefs" vor, der allen Bürgern Religionsfreiheit garantieren sollte, sowie unlautere Bestrebungen zur Rekatholisierung des Landes. Am 23. Mai 1618 warf eine aufgebrachte Gruppe evangelischer Abgeordneter erbost zwei kaiserliche Ratsherren aus einem Fenster der böhmischen Kanzlei auf dem Prager Hradschin. Für den prote-

Eisenhütten bei Johanngeorgenstadt. Gemälde von P. A. Skerl, um 1820.

stantischen Adel war dies das Signal zum Aufstand gegen den katholischen Landesherrn. Der Vorfall, der als ‚Prager Fenstersturz' in die Geschichte einging, markierte den Beginn des 30-jährigen Krieges. Die böhmischen Aufständischen wurden am 8. November 1620 vor der Prager Burg entscheidend geschlagen und ihre Anführer wurden hingerichtet. Die protestantische Bevölkerung hatte die Wahl, in den Schoß der katholischen Kirche zurückzukehren oder zu emigrieren. In der Folge flohen 150.000 freidenkende Böhmen ins damals kaum besiedelte, evangelische Erzgebirge. Die Flüchtlinge nahmen ihr technisches Wissen mit in ihre neue Heimat Sachsen.

Ein zum evangelischen Glauben konvertierter Priester soll auf diesem Wege 1620 das Wissen um die Weißblechherstellung ins sächsische Erzgebirge eingeführt haben. In dieser Zeit entstanden

Darstellung des Eisenbergwerks am Rotenberge bei Erla im Erzgebirge. Das Wasser zum Antrieb der Förderanlage wird über ein gemauertes Aquädukt herbeigeführt, das an römische Bauwerke erinnert.

die ersten erzgebirgischen Hammerwerke, die neben Schmiedeeisen auch Weißblech produzierten. Nach dem Ende des 30-jährigen Krieges entstanden hier die ersten Hämmer, die ausschließlich der Weißblechherstellung dienten. Die sächsische Weißblechindustrie entwickelte sich rasch. Kaufleute wie der Nürnberger Zinnhändler Andreas Blau oder der durch den Kobalthandel reich gewordene Schneeberger Kaufmann Veit Hans Schnorr investierten einen Großteil ihres Kapitals in den vielversprechenden neuen Industriezweig. Bereits 1536 erhielt Blau durch den sächsischen Kurfürsten Friedrich den Großmütigen das Privileg zur Errichtung von Blechhämmern im Erzgebirge. Blau begann sofort mit dem Bau von fünf Hämmern. Mit dem Versprechen auf bessere Löhne und durch die Übernahme von Schulden konnte Blau durch Vertrauensleute Facharbeiter und Hammermeister aus Amberg, Wunsiedel, Nürnberg und Böhmen abwerben. Wenig später arbeiteten über 30 Hämmer in seinem Besitz. Mit Andreas Blau beginnt die Weißblechproduktion im großen Stil.

Eine Aufstellung aus dem Jahre 1667 gibt allein für das Kurfürstliche Amt Schwarzenberg elf Blechhämmer an. Weitere Zentren der Weißblechherstellung waren Wolkenstein, Lauenstein und Aue. Fast jedem Hammer war damals auch eine Zinnerei angegliedert.

Das Zinn stammte aus den reichen Gruben um Graupen, Ehrenfriedersdorf, Eiben, Geyer und Altenberg. Zum Teil wurde Zinn von fernen Gruben hinzugekauft. Auf Grund des großen Marktinteresses wuchs die sächsische Weißblechproduktion sprunghaft. Im 17. Jahrhundert besaß Sachsen das förmliche Monopol für die Weißblechfabrikation in ganz Europa. Im Erzgebirge sollen in diesen Jahren rund 80.000 Menschen mit der Herstellung von Weißblech beschäftigt gewesen sein.

Hammerordnungen regelten die Verhältnisse zwischen Hammerherren und den Hammerwerkern. Sie steuerten aber auch die allgemeinen Produktionsbedingungen. So legte die Kurfürstliche Hammerordnung vom 26. März 1660 unter anderem fest, daß pro Hochofen maximal zwei Blechhämmer betrieben werden konnten, welche pro Woche zusammen nicht mehr als 20 Zentner gefrischtes Eisen oder 10 Fässer mit jeweils 450 Blatt Weißblech produzieren durften. Diese Einschränkungen wurden notwendig, um einerseits die Erlöse zu schützen und andererseits den Waldverbrauch in erträglichen Grenzen zu halten.

Im Jahre 1660 gingen 3.800 Faß zu 450 Blatt Weißblech an Vertragspartner nach Hamburg, um von hier nach Übersee verschifft zu werden. Erzgebirgisches Weißblech wurde nach England, Rußland, Armenien, Indien und auch die USA geliefert. 1684 produzierten alleine die 18 Hammerwerke der ‚Obererzgebirgischen Blechkompanie zur festen Hand' 9.000 Faß Blech, von denen nahezu dreiviertel für den Seehandel bestimmt waren. Im Gegenzug führte man aus Großbritannien Rohzinn ein.

Es konnte nicht ausbleiben, daß sich bei dem sichtbaren Erfolg der erzgebirgischen Weißblechproduzenten auch ausländische Fabrikanten für das Verfahren zur Weißblechherstellung zu interessieren begannen. Einer von diesen war der Brite Andrew Yarranton (geb. 1616 in Ashley in Worcestershire). Yarranton hatte bereits eine bewegte Vergangenheit als britischer Offizier, Politiker, Schriftsteller, Ingenieur, Fabrikant und Erfinder hinter sich, als er es sich zur Aufgabe machte, eine eigenständige britische Weißblechindustrie zu gründen. Eisen und Zinn hatten die Britischen Inseln schließlich reichlich und in bester Qualität zu bieten.

Mit der Einfuhr des sächsischen Weißblechs nach England entstand dort der Beruf des Tinsmith (Zinnschmied) oder Tinplate Worker (Zinnblech-Verarbeiter). Die Abbildung aus dem 19. Jh. zeigt einen britischen Weißblechner mit den Produkten seines Berufes in der Werkstatt. Holzschnitt von Rivington, um 1820.

1652 erwarb Yarranton ein Eisenwerk in seinem Heimatort. Hier wollte er versuchen, verzinntes Eisenblech herzustellen, wie es damals in großen Mengen aus Sachsen eingeführt wurde. Zugleich war die erzgebirgische Region Hauptabnehmer für britisches Zinn, das in den dortigen Zinnhütten zu Weißblech veredelt wurde, um anschließend wieder nach Großbritannien reimportiert zu werden. Trotz umfangreicher Versuchsreihen gelang es Yarranton nicht, die technischen Geheimnisse der Weißblechproduktion im Alleingang zu lüften. Sollte sein Vorhaben Erfolg haben, so mußte er sich die notwendigen Kenntnisse vor Ort selbst aneignen. Nachdem er 1665 zwei an der Sache interessierte Finanziers gefunden hatte, begab er sich auf die Reise. „Es wurde beschlossen", so erinnerte er sich später *„daß mehrere Gönner die erforderlichen Mittel für die Reise in jene Gegend, wo man diese Bleche herstellte und wo ich die Kunst ihrer Fabrikation erlernen wollte, vorstreckten. Ein guter Eisenkocher, der sich auf die Behandlung des Eisens verstand, wie auch ein gewandter Dolmetscher, welcher der deutschen Sprache mächtig war und längere Zeit selber mit Blech gehandelt hatte, begleiteten mich. Wir reisten zuerst nach Hamburg, um von hier nach Leipzig und Dresden zu gelangen, wo wir Kunde von jenen Ortschaften erhielten, in denen das Blech erzeugt wurde. ..."* Yarranton berichtete weiter, daß er in den sächsischen Fabrikdistrikten überaus freundlich und zuvorkommend aufgenommen wurde. Man zeigte den Besuchern die Zinnwerke und erklärte ihnen bis ins Detail die Produktionsverfahren. Zu dieser Zeit waren im Erzgebirge die ersten Walzwerke installiert, und Yarranton konnte zum erstenmal sehen, wie Walzbleche produziert wurden, während in England Blech noch immer in Hammermühlen geschmiedet wurde. Die Unterstützung der sächsischen Hüttenbesitzer ging sogar soweit, daß sie ihren Gästen dabei halfen, eine Gruppe erstklassiger Arbeiter zusammenzustellen, welche Yarranton bei der Gründung einer britischen Weißblechfertigung unterstützen sollten.

Heimgekehrt begann er mit Erfolg zu produzieren. *„Viele tausend Platten"*, so Yarranton später, *„wurden gemacht aus dem Eisen des Forrest of Dean und verzinnt mit cornischem Zinn, und die Tafeln erwiesen sich noch besser als die deutschen, wegen der Zähigkeit*

Darstellung der französischen Weißblechproduktion in der 'Encyklopédie' von Diderot und Alambert, 1751-1772.

und Biegsamkeit unseres Eisens. Die Herren Dison, ein Verzinner von Worcester, Lydiate bei Fleet Bridge und Harrison bei Kings Bench haben viele gemacht und kennen ihre Güte."

Kaum hatte sich Yarrantons Erfolg herumgesprochen, mußte die angelaufene Blechproduktion wieder eingestellt werden. Yarranton hatte versäumt, sich das Herstellungsverfahren in England schützen zu lassen. *„Eine große, einflußreiche Persönlichkeit"* hatte die Gelegenheit genutzt und das Verzinnen von Blech als eigene Erfindung patentrechtlich angemeldet. Da der Patentinhaber jedoch nichts von der Sache verstand, soll er nicht eine einzige brauchbare Platte zu Stande gebracht haben. Somit waren Yarrantons Bemühungen für die Englische Industrie vorerst verloren. Erst 1720, nach Ablauf der patentrechtlichen Schutzfristen, nahm Kapitän Hanbury das nach Yarrantons Tode längst in Vergessenheit geratene Vorhaben, eine britische Weißblechindustrie zu gründen, wieder auf und richtete in

Monmounthshire eine große Fabrik ein. 1728 gründete er das erste Blechwalzwerk in England. 1750 produzierten in Wales bereits vier Weißblechhütten. Das britische Weißblech erfreute sich bald größerer Beliebtheit als das deutsche, weil es durch bessere Walzverfahren und die ausgezeichnete Qualität des walisischen Zinns einen schöneren Glanz aufwies als die herkömmlichen Bleche aus Sachsen. In Großbritannien und Irland bestand großer Bedarf, deshalb entwickelte sich bald eine starke englische Weißblechindustrie. Im 18. Jahrhundert war Großbritannien zum weltweit führenden Weißblechproduzenten aufgestiegen. 1870 produzierte das Inselreich 141.764 Tonnen Weißblech, hiervon waren 100.000 Tonnen für den Export bestimmt.

Auch in Frankreich hatte man dem sächsischen Weißblechmonopol nicht gleichgültig gegenübergestanden. Um die eigenen Erzvorkommen zu nutzen, holte der französische Staatsmann Jean Baptiste Colbert (1619-1683) gegen Ende des 17. Jahrhunderts sächsische Weißblecharbeiter nach Frankreich, und siedelte sie in Chenefey in der Franche-Comté und in Beaumont-la-Ferrière an. Nach Colberts Tod verloren die Weißblecharbeiter jedoch jegliche Unterstützung und verließen Frankreich wieder.

Während seiner Regierungszeit hatte Colbert die Französische Akademie der Wissenschaften damit beauftragt, sämtliche in Frankreich bestehenden Gewerbe und Manufakturen zu untersuchen, die jeweiligen Produktionsverfahren und Werkzeuge ausführlich zu beschreiben und mit erklärenden Kupferstichen zu publizieren. Es sollte eine 'Encyclopédie' geschaffen werden, welche das gesamte Menschheitswissen der damaligen Zeit erfaßte. Die bedeutendsten Wissenschaftler sollten zu Wort kommen. Die Demokratisierung der Wissenschaften, die Veränderung der Gesellschaft durch die Verbreitung von Bildung und damit eine Verbesserung der gesellschaftlichen Verhältnisse waren dabei das Ziel der Herausgeber. Der junge französische Physiker René Antoine Réaumur wurde mit der Sichtung und Ergänzung einer gigantischen Menge an Material beauftragt. Angesichts des Widerstandes bei den Handwerkern, die ihre speziellen Handgriffe und Erfahrungen viel lieber geheim gehalten hätten, war dies keine leichte Aufgabe.

Der französische Naturforscher René Antoine Ferchault de Réaumur (1683-1757) untersuchte die Weißblechherstellung erstmals unter wissenschaftlichen Gesichtspunkten. Er verbesserte die Herstellungsmethoden hierbei grundlegend. Durch seine Veröffentlichungen machte er das als Geheimnis gehütete Herstellungsverfahren zum ersten Mal für jedermann zugänglich.

Gerade weil die in Frankreich ansässigen deutschen Arbeiter den Herstellungsprozeß von Weißblech als Geheimsache behandelten, interessierte sich Réaumur besonders dafür: *"Wenn die Arbeiter und Gewerke ihre Kunst auch geheim halten, so ist die Weißblechherstellung doch durchaus kein Geheimnis. Jedenfalls verlangt es das öffentliche Wohl, daß man die Frage prüfe und die Sache untersuche"*, so Réaumur.

1710 besichtigte Réaumur eine Weißblechfabrik in Beaumont-la-Ferrière, die dort, gefördert von der französischen Regierung, von sächsischen Hüttenarbeitern betrieben wurde. Obwohl man Réaumur die Details der einzelnen Produktionsschritte vorenthielt, fand er bei seinem Besuch genügend Anhaltspunkte, um eigene Versuchsreihen zur Klärung der Verfahren anzustellen. Es gelang ihm schließlich, seine bruchstückhaften Eindrücke durch die Ergebnisse eigener Experimente zu ergänzen. Da er als erfahrener Physiker völlig unbelastet an seine Untersuchungen heranging und diese allein unter naturwissenschaftlich-analytischen Gesichtspunkten durchführte, konnte er das Herstellungsverfahren sogar noch verbessern.

Am 11. April 1725 hielt Réaumur vor der Akademie der Wissenschaften in Paris einen ausführlichen Vortrag über die Weißblechproduktion. Damit vermittelte er die erste genaue, wissenschaftlich fundierte Beschreibung dieses Industriezweigs. Die Veröffentlichung dieses bisher streng gehüteten Produktionswissens, hatte die Gründung einer eigenen Weißblechindustrie mit Produktionsstätten in ganz Frankreich zur Folge. Das wichtigste und zugleich schönste Werk war die Königliche Weißblechfabrik im lothringischen Bains. Die Anlage umfaßte neben den Werkstätten ein Schloß mit Kapelle und einen großen Park. Sechzehn Wasserräder trieben hier elf Hämmer mit mehreren Feuern an.

Spätestens im 18. Jahrhundert war das sächsische Weißblechmonopol endgültig gebrochen. Die englischen Hütten hatten aufgrund ihrer ausgezeichneten Blech- und Zinnqualitäten die Führung übernommen. Frankreich folgte an zweiter Stelle, Deutschland war auf den dritten Platz zurückgefallen.

'Habit de Ferblanquier' - Bekleidung des Klempners. Der kolorierte Kupferstich von Gerard Valck ist um 1690 in Paris erschienen. Das Blatt zeigt die Produkte eines französischen Klempners. Es fällt auf, daß der französische Ferblanquier mit sehr viel goldfarbener Messingware dargestellt wird.

Der Weißblechner

Mit der Weißblechproduktion ist ein neuer Berufszweig entstanden. Vermutlich waren es Schwarzschmiede, deren Material das unbehandelte Eisenblech war, oder auch Plattner, deren Rüstungspanzer den modernen Feuerbüchsen nicht standhielten, die sich auf die Verwendung des neuen Materials spezialisierten. Weißblech war wegen seiner guten Rostbeständigkeit und seines silbrigen Glanzes besonders geeignet für die Herstellung von Lampen, Laternen sowie Haus- und Küchengeräten, die häufig mit Feuchtigkeit in Berührung kamen. Weißblechgerät konnte in vielen Fällen die teureren Waren des Kupferschmieds ersetzen, denn es war den Kupferwaren in zweierlei Hinsicht überlegen: Zum einen war es härter, zum andern setzte es keinen giftigen Grünspan an. Die damals gebräuchlichen Holzutensilien wurden vom Weißblech übertrumpft, das durch die Vorzüge großer Feuerbeständigkeit, geringen Gewichts und einer leicht zu reinigenden Oberfläche glänzte.

Im deutschsprachigen Raum lassen sich die Wurzeln des Blech verarbeitenden Gewerbes über mehr als sechs Jahrhunderte zurückverfolgen. Bereits 1336 wurden in Zürich zum ersten Mal zwei Blechnermeister erwähnt, die als „Löter" der Zunft der Schmiede angehörten. 1363 wurden in Nürnberg, dem Zentrum des Blechhandels, siebzehn Flaschner und dreizehn Spengler genannt, die mit Gürtlern und Zinngießern im ‚Messingschmitt-Gewerk' zusammengeschlossen waren. 1370 wurden der Nürnberger Blechnerzunft weitere zehn Schwarzblechschmiedemeister beigeordnet. Sechzehn Jahre darauf gehörten diesem Gewerk auch einzelne Zinner an, die Eisenoberflächen durch das Aufbringen eines Zinnüberzuges wasserbeständig machen konnten. Eine aus dem Jahre 1544 stammende Handwerksordnung der Nürnberger Flaschner bestimmte unter anderem die Meisterstücke, die ein Geselle zur ‚Erwerbung des Meisterrechts' anzufertigen hatte. Diese Ordnung beschreibt damit erstmals das Betätigungsfeld des damaligen Berufes: „... *das hinfüro ein je-*

Abbildung eines Laternenmachers aus den Hausbüchern der Zwölfbrüderstiftung zu Nürnberg. Der Nürnberger Handelsherr Conrad Mendel hatte 1388 in seiner Heimatstadt ein Heim zur Aufnahme und Unterstützung von zwölf hilfsbedürftigen alten Handwerkern eingerichtet. Die Männer, die hier ihren Altersruhesitz fanden, mußten ledig sein, „nit jung und mit tapferem Alter beladen." In den Hausbüchern wurden alle Hausbewohner mit Bild und ihren wichtigsten Daten, wie Name, Beruf und Todesjahr, registriert.

Abbildung eines Flaschners aus den Hausbüchern der Zwölfbrüderstiftung zu Nürnberg.

*Mittelalterliche Zunftlade,
Blechflasche und Krug.
Nationalmuseum Nürnberg.*

der, der auf gemeldtem Handwerckh Maister werden will, zuvor ein Maisterstuck machen soll. Nemlich aus zweyen Korn Eysens drey Flaschen, ein Trinkflaschen, ein Pecher und ein Speyßflaschen, der jede ungefährlich bei zehen Maßen hält. Desgleichen aus zweyen Korn Eysens einen Stutzen auch bey zehen Maßen, und sollche Stuckh sollen diejenigen, so Maister werden wollen, allwegen bei einem Maister, der ihm darzu geordnet, machen; doch wollt einer solche Stuck außerhalb eines Maisters Werkstat mit seinem eigen Werkzeug machen, das soll er zu thun die Macht haben, doch also, daß er mit

Kartenspiel im 15. Jh.. Um die Getränke zu kühlen verwenden die Spieler eine Zinnblechwanne, wie sie der Klempner anfertigte. Kupferstich von Israel van Meckenem.

seinem Ayd erhält, daß er dieselbigen Maisterstuckh mit seiner selbst Hand ohn Hilf und Zuthun anderer Lewt außerhalb des Schmidens gemacht habe. Und welcher also mit seinen Maisterstucken fellt, der soll alsdann ein halb Jahr darnach feyern, oder mag bei einem Maister sunst arbeiten. ..."

Etwa zur gleichen Zeit wie in Nürnberg wurden auch in Augsburg die ersten Angehörigen der Klempnerzunft erwähnt, die Haushaltswaren und Gefäße aus Eisenblech formten. Sie waren hier den Spenglern beigeordnet, denen nach der Zunftordnung das gefällige goldglänzende Messingblech zugesprochen war. In Augsburg kam

Laternarius. Der Laternmacher.

Corneа Vulcanū quod lamina claudit edacem
   Lampas & in vento tuta furente manet.
Illud marte meo mihi glorior esse repertum,
   Hoc opus auctori, quisquis es adde mihi.

Illustrat quæ tota suis conuiuia flammis,
  Dulcis & est trepidæ duxq, comesq, viæ.
Illa laterna mihi de cornu facta recuruo,
  Inclusum gremio lumen vbiq, vomit.
Per fora, per plateas radiantibus aurea flammis,
  Fertur, & in tenebris prævia monstrat iter.
                                  Tigna

Kupferstich von Jost Amann, 1568.

es dann aufgrund der unklaren Abgrenzung beider Tätigkeitsbereiche, zu schweren Streitereien und Handwerksübergriffen zwischen Klempnern und Schwarzschmieden. Wegen ihrer Zunftzugehörigkeit und ihres lauten Handwerksgeräusches wurden die Werkstätten der Weißblechner bald in das Spenglergäßchen verwiesen.

1546 wurden in Breslau ‚Klampferer' erwähnt, die von reisenden Kaufleuten fertig überzinnte Bleche ankauften und hieraus Flaschen, Kannen, Trichter und Laternen herstellten. 1550 wird in Leipzig von ‚Klipperern' oder ‚Klepperern' berichtet, die sich dann 1652 zur der ‚Leipziger Klipper- und Laternenmacher-Innung' zusammenschließen sollten. 1574 wird in Berlin-Cölln ein Pauel Klingenbeil als erster hier ansässiger Klempner genannt. 1578 wurde in Dresden von drei Klempnermeistern gemeinsam mit Spenglern und Ortbandmachern eine eigenständige Zunft gegründet.

Der Zeitpunkt der ersten Nennung des Berufes gibt uns nur ungefähr Auskunft über dessen Entstehungsdatum oder den Zeitpunkt seiner Abspaltung von bestehenden Handwerken. Der Separierungsprozeß wird in den meisten Fällen bereits schon Jahre, vielleicht auch Jahrzehnte zuvor, vollzogen worden sein. Denn bevor die Tätigkeit des Weißblechschmiedens den Zünften als eigenständiger Berufszweig beigeordnet werden konnte, mußte sie sich als selbständiges Handwerk etabliert haben. Interessant an der Reihenfolge der ersten Erwähnungen ist jedoch der Verbreitungsweg, den der Beruf von Nürnberg, dem Zentrum des damaligen Blechhandels, ausgehend, genommen hat.

Der damalige Klempner oder Weißblechner fertigte aus verzinntem Dünnblech sämtliche Gebrauchsgüter und Hausgeräte, die der Goldschmied aus Gold, der Silberschmied aus Silber und die Spengler und Kupferschmiede aus Messing und Kupfer herstellten. Ein geschickter Klempner war darüber hinaus im Stande, dem Kunden alles was dieser verlangte, aus Blech zu liefern. Die meisten Arbeiten umfaßten mehrere Stücke Blech, die mit Winkelmaß und Zirkel aufgerissen, mit der Blechschere ausgeschnitten und mit verschiedenen Hämmern sowie durch Biegen in die gewünschte Form gebracht wurden. Anschließend wurden die Teile durch Falzen, mit Lot oder Nieten zusammenfügt. Auf diese Weise konnten Lampen,

Darstellung einer Klempnerwerkstatt. Lithographie von Anton Langweil, 1830.

Kannen, Leuchter, Bierheber, Eimer, Löffel, Reibeisen, Siebe, Vorratsdosen, Sparbüchsen, Spielzeug, Tabakdosen, Pulverflaschen, Kuchenformen, Trichter, Eimer, Gießkannen, Blechflaschen und vieles mehr produziert werden. Entsprechend den von den Weißblechnern hauptsächlich hergestellten Produkten wurden einzelne Handwerker auch als Laternenmacher, Flaschner, Haushaltswarenklempner, Röhrenmacher, Löffelschmied usw. bezeichnet.

Alle gemeinsam verarbeiteten sie das dünne, anfangs im böhmischen, später im Erzgebirge geschlagene und verzinnte Weißblech, das in kleinen Tafeln faßweise in den Handel kam. Je nach seiner Herkunft hatte das Faßblech eine Kantenlänge zwischen 51 und 61 cm. Selbst bei sorgfältigster Herstellung sind die geschlagenen Bleche mit unseren heutigen Walzblechen keinesfalls vergleichbar. Es war üblich, daß eine Tafel unterschiedliche Materialstärken und Beulen aufwies. Für den Verarbeiter bedeutete dies, daß die Platte zunächst mit dem Spannhammer sorgfältig geglättet werden mußte. Allein für dieses „Planieren" benötigte der Handwerker viel Zeit und große Erfahrung.

Neben dem Weißblech stand dem Klempner vielerorts auch das Blei als Grundmaterial zur Verfügung. Kupfer- und Messingbleche waren dagegen alleine den Kupferschmieden und Spenglern vorbehalten. Lediglich als Zierde und Beiwerk durfte der Klempner Bunt-

Zunftzeichen der Schönheider Röhrenschieber. Das Blechwappen wurde bei der Beerdigung eines Innungsgenossen am Leichenwagen geführt.

metall für untergeordnete Teile an seinen Produkten verwenden. Erst im 17. Jahrhundert wurde ihm in einigen Regionen auch das edlere Messingblech zugesprochen.

Die Grenzen zu den übrigen Blech verarbeitenden Berufsgruppen wie Kupferschmieden, Spenglern und Schwarzblechschmieden und ihren Arbeitsmethoden waren fließend. Entsprechend häufig kam es zu Handwerksauseinandersetzungen, die teilweise in Handgreiflichkeiten endeten und häufig vor Gericht geklärt werden mußten.

Wegen seines unedlen Ausgangsmaterials und weil der Klempner seine Waren häufig als Hausierer und Wandergewerbetreibender auf Jahrmärkten feil bot, galt sein Gewerbe zeitweise als das unehrenhafteste und ärmste unter den Blechnerberufen. Der Klempner wurde hierbei auf eine Ebene mit den ‚Röhrenschiebern' aus dem sächsischen Schönheide gestellt, die als Röhrenmacher ihre

Blechprodukte auf Schiebekarren durch ganz Deutschland schoben, um so für ihren spärlichen Lebensunterhalt zu sorgen. Große Verbreitung erfuhr das Klempnerhandwerk ab dem 17. Jahrhundert durch die zunehmende Weißblech-Massenproduktion sächsischer Hütten. Mit der zahlenmäßigen Zunahme der Weißblechner konnten in den Städten eigene Gilden und Zünfte entstehen die, je nach Region, unterschiedliche Berufsbezeichnungen, wie Zunft der Klempner, Spengler, Blechner, Beckenschmiede oder Flaschner führten. Durch die Gründung der Zünfte und Innungen stieg schließlich auch das Ansehen des Handwerkes in der Öffentlichkeit.

Die Klempner zählten zu den geschenkten Handwerken, was bedeutete, daß sich ein Geselle wenigstens für drei Jahre auf Wanderschaft begeben mußte. War er auf der Walz, wurde er unterwegs durch die in der jeweiligen Stadt ansässigen Meister und Gesellen unterstützt, bis sich eine passende Stelle für ihn fand. In Städten der Mark Brandenburg erhielten Klempnergesellen pro Tag 4 Groschen 'zum Geschenk', in Berlin und andernorts bekamen sie freie Mahlzeiten und Unterkunft. Eine Klempnerlehre dauerte sechs Jahre. Diese mußte der Lehrling ohne Vergütung durchstehen. Konnte er dem Meister eine bestimmte Vergütungssumme zahlen, war es möglich, daß der Meister ihn bereits nach vier Jahren lossprach. Unehelich geborenen, Waisen oder Kindern, deren Eltern sogenannten 'unehrlichen Gewerben' nachgingen, waren von der Klempnerlehre ausgeschlossen. Als unehrliche Gewerbe galten zum Beispiel Berufe wie Abdecker, Nachrichter, Amtsdiener, Schäfer, Bader und Barbier, Trompeter, Zöllner, Leinweber und Müller.

Reisender Haushaltwaren-Klempner.

Tägliche Arbeitszeiten von 14 Stunden und mehr waren für Lehrlinge und Gesellen im Klempnerhandwerk üblich. Das Heiraten wurde Gesellen oft nicht gestattet. Wollte ein Geselle Meister werden, hatte er nach seiner Wanderzeit einige 'Muthjahre' zu durchstehen. Scheiterte er dann nicht an den hohen Kosten, die mit der Erlangung der Meisterwürde verknüpft waren, mußte er noch den Tod eines Meisters abwarten, da die Zunftordnungen die Zahl der Meister einer Stadt beschränkte. Hatte ein Geselle dagegen die Möglichkeit die Tochter oder Witwe eines Meisters zu ehelichen, blieben ihm ein Teil der Meisterstücke sowie die Wartezeit erspart.

Die Klempnerei galt als 'kramendes Handwerk'. Ein Meister durfte sowohl in seiner Stadt einen Laden unterhalten als auch auf die Jahrmärkte fremder Städte ziehen. Vielerorts sicherten sich einheimische Handwerker vor auswärtigen das Wahlrecht, wenn es um den Standplatz ging. Einheimische Zunftmeister hatten auch das Recht, die Ware auswärtiger Handwerker zu kontrollieren und sie bei Mängeln vom Markt zu verbannen. In Württemberg durften ausländische Flaschner ihre Ware erst nachmittags ausbreiten, wenn der Markt bereits verlaufen war.

Eine 1790 erschienene Enzyklopädie beschreibt die Weißblechner als Handwerker, *„die in einem Staate, besonders aber in goßen Ländern, unentbehrlich sind. Es ist keine Haushaltung, weder in Städten, noch auf dem Lande, welche nicht verschiedenes Haus-Geräth von Blech nöthig haben sollte. [...] Man sieht dieses an den kleinen deutschen Ländern, wo die benachbarten Klempener auf den Jahrmärkten der kleinen Städte alle ihre Waaren in einer Stunde los werden, und viel Geld mit fort schleppen; wobey auch noch die Beschwerlichkeit sich mit enfindet, daß die Käufer, die dergleichen Waaren nicht entbehren können, ihnen, unter dem Vorwande des gestiegenen Blechpreises, dafür bezahlen müssen, was sie fordern. Der Klempener wird in einem großen Staate, welcher oft in Krieg verwickelt wird, auch aus der Ursache nothwendig und unentbehrlich, weil er nicht alleine die unzählig vielen Feldflaschen für die Armee, sondern auch die vielen Pontons zu den Schiffbrücken verfertigt, auch in großen Städten die Dachrinnen macht, und die Dächer der Kirchen, Thürme und großen Paläste mit Eisenbleche deckt...."*

Besonders die preußisch regierten Länder schützten den kriegswichtigen Beruf durch in den Jahren 1765 und 1768 erlassene Verordnungen, mit denen *„die Einfuhre aller ausländischen Klempenerwaaren gänzlich verbothen wird"*.

Die ersten Leipziger Klipper-Innungs-Artikel
vom 28. April 1652

1.

Es soll der Älteste Meister des Handwerks Obermeister sein, welcher des Handwerks Gebrauch und Gewohnheit, und sonderlich nach nachbeschriebene Ordnung in gute Acht haben soll, damit derselben richtig nachgegangen werde. Und soll solch Obermeister Amt allezeit bei dem Ältesten Meister verbleiben, und der andere so nachfolget, die Schlüssel zur Handwerkslade behalten.

2.

Es sollen auch alle vier Wochen alle Meister und Gesellen in des Obermeisters Hause zu Mittage puncto 12 Uhr zusammen kommen, welcher aber eine Viertelstunde ohne Erlaubniß des Obermeisters außenbleibet, der soll von einer Viertelstunde zwei Groschen Strafe geben, und soll in dieser Zusammenkunft ein jeder Meister (ausgenommen der Obermeister) einen Groschen sechs Pfennige, ein Geselle neun Pfennige und ein Junge sechs Pfennige in die Lade legen, zu des Handwerks Nothdurft.

3.

Wann ein Meister einen Jungen das Klempner und Laternenmacher-Handwerk lernen will, der soll vier Wochen und nicht länger versuchen, hernach soll der Junge seiner ehrlichen Geburt, und guten Verhaltens richtige Kundschaft dem Handwerke fürzeigen, wann derselbe ehrlich befunden wird, soll solche Kundschaft in die Handwerkslade geleget, und so lange darinnen verwahret werden, bis der Junge redlich ausgelernet, und von seinem Meister losgezählet worden, alsdann soll ihme derselbige Geburtsbrief zusambt einen Lehrbrief wiederum ausgeantwortet werden. Es soll aber ein Meister einen Lehrjungen nicht weniger als vier Jahre aufdingen, und wenn ein Junge aufgedinget wird, soll der Meister, sowohl der Junge jeder sechs Groschen Gottes Kasten, und einen halben Thaler in die Lade geben, desgleichen soll es auch gehalten werden, wann ein Lehrjungen losgezählet wird, und soll kein Meister einen Jungen eher aufdingen, er habe denn, den er gelernet, zuvor losgezählet.

4.

Wann ein Junge, so aufgedinget worden ist, wiederumb davon läuft, und sich innerhalb 14 Tagen bei seinem Lehrmeister nicht wieder einstellet, derselbige soll die Zeit, so er gelernet, verlustig sein, und aufs neue anheben zu lernen, und seine Gebühr wieder erlegen. Begehrte aber ein solcher Junge nicht wieder zu lernen, und wollte gleichwohl seinen Geburtsbrief haben, so soll die Sache vor E. E. Hochws. Rath gebracht und auf dessen Erkenntniß gestellet werden. Es soll ihn aber kein Meister noch Geselle dazu verhetzen, noch bei Ihnen aufhalten, bei Vermeidung E. E. Raths-Strafe, und wann ein solcher Junge bei einem anderen Meister lernen will, soll die Zeit, wo er bei den vorigen Meister gelernet, auch nicht gelten.

5.

Damit aber auch kein Junge hierunter nicht gefährdet werde, soll er die Beschwörung die er wieder seinen Lehrmeister anzuziehen, ehe er dann vom Handwerk läuft, dem Obermeister anzeigen. Derselbe soll mit Zuziehung seiner Mitmeister Fleiß haben, ob er den Meister und den Jungen miteinander vergleichen könnte. Wo aber solche Vergleichung nicht stattfinden möchte, und der Meister Unrecht erfunden würde, sollen die Sachen vor E. E. Rath gebracht und auf desselben Erkenntniß gestellet werden.

6.

Wenn ein fremder Geselle anhero kömpt, und in einem Wirthshause einkehret, und nach denen Geselle schicket, so sollen nicht mehr denn die zwei Orthen-Gesellen zu ihm gehen, auch nicht eher dann bis nach Mittage umb 2 Uhr, hierauf den Gesellen fragen, was sein Begehren ist, so nun ein ehrlicher Geselle sei, sollen sie ihm beweisen, was löblichen Herkommens- und Handwerks-Gebrauch ist, doch nicht länger mit ihnen aus des Meisters Hause bleiben, wo er hinkommen soll, bis Abends umb neun Uhr, welcher Geselle darwieder lebet, soll umb ein Wochenlohn gestrafet werden.

7.

Wann auch fremde Gesellen herkommen, und seind keine Gesellen in Arbeit, so soll ihnen der jüngste Meister Ausrichtung thun, und was es kostet, die anderen Meister bezahlen helfen, jedoch das er nicht mehr thut, als was Handwerksbrauch gemäß ist.

8.

Wann ein fremder Geselle herkömmt und des Klempner Handwerkes nicht redlich wäre, der soll gänzlich nicht gefördert werden.

9.

Wann ein Geselle 14 Tage Arbeit bekömmt und darauf einsitzet, soll er dieselbige auch zu arbeiten schuldig sein, wo er aber unter den 14 Tagen wiederum wandern wollte, soll es dem Meister frei stehen, und da er ihn wandern ließe, soll der Geselle dem Meister das Wochenlohn zu geben schuldig sein.

10.

Welcher Geselle auch in der Wochen Urlaub nimmt und wandern will, der allhier in Arbeit stehet, der soll ein Wochenlohn Strafe geben.

11.

Wann auch ein Geselle in Arbeit stehet, soll er dem Meister die Arbeit mit allem Fleiß verrichten, würde aber ein Geselle nach seinen eigenen Willen, den Montag oder andere Tage in der Woche feiern, so soll er von einem jeden Tage einen Wochenlohn Strafe geben, desgleichen auch wenn sich ein Geselle in der Werkstatt schlagen möchte, oder sonsten den Meister in und vor dem Hause molestieren thäte, soll er umb ein, bis zwei Wochen Lohn gestrafet werden, sowohl auch wenn ein Geselle des Abends über neun Uhr oder gar dem Meister ohne Erlaubniß aus dem Hause bliebe, soll er ein Wochenlohn Strafe geben.

12.

Wann Meister und Geselle beisammen sind und halten die Umbfragen, wie sichs gebühret, so soll ein jeder bei seiner Umbfrage anmelden, was er vorzubringen hat, und hernach stille schweigen, bis ihn der Obermeister wieder fraget, wer darwieder thut, der soll ein Wochenlohn Strafe legen, welcher auch bei dem Umbfragen etwas weiß, daß wieder ein ehrsam Handwerk ist, und verschweiget es, der soll auf Erkenntniß des Handwerkes, und nachdem die Sache ist, gestrafet werden.

13.

Wann einer bei Handwerks Gewohnheit einen öffentlich Lügner heißet, der soll umb ein Wochenlohn gestrafet werden.

14.

Wann einer bei Handwerks Gewohnheit einen Degen, Dolch oder Messer bei sich vorhält, der soll gestrafet werden umb ein bis zwei Wochenlohn.

15.

Wann einer bei Handwerks Gewohnheit einen Zank oder Hader anführet, der soll gestrafet werden umb zwei Wochenlohn, wird aber einem oder dem andern Friede geboten bei des Handwerks Strafe und hält nicht Friede, der soll allzeit zwei Wochenlohn Strafe geben, und soll solches so oft Meister und Gesellen beisammen sein, gelten, und gehalten werden, es sei bei Einoder Ausschenken oder allen was zur Handwerksgewohnheit gehöret.

16.

Wann einer bei Handwerks-Gewohnheit fluchet, schwöret, schilt oder Gott lästert, der soll umb ein bis zwei oder drei Wochenlohn gestrafet werden, wären aber die Lästerungen groß, soll es einem E.

E. Rathe, oder den löblichen Stadtgerichten zu gebührender Strafe angemeldet werden.

17.

Wann einer bei Handwerks Gewohnheit sich mit Drauworten oder sonsten ungewöhnlichen Geberden oder Worten, welche wider ein Handwerk sein sich verlauten oder sehen läßt, der soll nach Erkenntniß eines ehrsamen Handwerks gestrafet werden.

18.

Wann einer den andern, es sei Meister oder Geselle, mit ungebührlichen Worten angreift, schändet und schmähet, derselbige soll nach Erkenntniß E. ehrsamen Handwerks, umb ein, zwei oder drei Wochen Lohn gestrafet werden, wären aber die Schmähworte zu groß, das es dem Handwerke zu Richten nicht gebühre, derjenige soll hierüber E. E. Raths oder der löblichen Stadtgerichte Strafe gewärtig sein.

19.

Wann auch einer dem andern etwas zumisset, so er auf ihn nicht bringen kann, und der andere, deswegen Ursach giebt, daß er sich mit Scheltworten verlauten lässet, die sollen alle beide nach des Handwerks Erkenntniß gestrafet werden.

20.

Was bei Handwerks Gewohnheit geredet, gehandelt und gestrafet wird, soll gänzlich verschwiegen sein, wird aber ein ehrsam Handwerk inne, das ein Meister und Geselle etwas ausgewaschen, der soll umb zwei Wochenlohn gestrafet werden, es wäre dann, daß es der Obrigkeit zu nahe, oder Nachteil geschehe, auf solchen Fall soll sowohl den Gesellen, als den Meister vermöge ihrer Pflichten der Obrigkeit anzuzeigen obliegen, bei E. E. Raths ernster Strafe.

21.

Wann einer beim freundlichen Trunk bei Ein- und Ausschenken, Gesellen machen, oder sonst, was zur Handwerks Gewohnheit gehöret, ohne Gunst aufstehet, oder niedersitzet, oder Bier vergeußt, mehr, als er mit der Hand bedecken kann, oder sonst thut, was nach Handwerks Gewohnheit nicht bräuchlich ist, soll gestrafet werden, umb ein Wochenlohn, desgleichen welcher beim freundlichen Trunk bei Ein- und Ausschenken sich mit dem Trunke überläde, daß ers wieder giebt, soll gestrafet werden umb anderthalb Wochenlohn.

22.

Damit auch eine Gewißheit sein möge, wie es mit dem zuschicken, wann ein fremder Gesell allhier ankömpt zu halten, so soll in solchen Zuschicken der Wittwen-Werkstatt, so die ledig ist, allen anderen vorgehen, wenn aber keine Wittwe vorhanden, oder aber derselbigen Werkstatt mit einem Gesellen allbereit versorget, so soll man zuschicken allezeit vom ältesten Meister bis zum jüngsten, wie vor Alters herkommen und bisher besser bräuchlich gewesen.

23.

Wenn auch ein Geselle sich unterstünde durch Winkel-Arbeit, auf wasserlei Art es wolle, entweder in oder außer des Meisters Werkstatt sich selber Lohn zu machen, oder von bestellter Arbeit Trinkgeld zu fordern, der soll auf Erkenntniß des ehrsamen Handwerks gestrafet werden, anstatt des Trinkgeldes aber soll ein Geselle die Wochen über von seinem Meister zwei Groschen zu empfangen haben.

24.

Es soll auch kein Meister oder Geselle den anderen seine Gesellen abstännig machen, wo aber solches geschehen und ein ehrsam Handwerk dessen innen würde, soll es vor E. E. Rath gebracht und, nach desselben Erkenntniß gestrafet werden.

25.

Ein Geselle der einmal allhier in Arbeit stehet, soll nicht zugelassen werden in ein ander Werkstatt zu schicken, hergegen aber wann einer Wittfrau vorhanden, und keinen Gesellen hatte, soll ihr frei stehen einen auszuheben, der ihr dienlich sei, die hiesigen Meisters Söhne aber, welche Eltern am Leben haben, sollen vor keine fremde Gesellen geachtet werden, was das zuschicken der Werkstätte betrifft, sondern ein jeder soll zu seinen

Eltern in Arbeit gebracht, und zugelassen werden.

26.

Wann auch ein Meister mit Tode abginge und der hinterlassenen Wittibin einen aufgedingten Lehrjungen verließe, den soll sie Macht haben auszulernen bis auf 14 Tage, die übrigen vierzehn Tage aber soll ihm das Handwerk einen anderen Meister verschaffen, damit der Junge kann vollends ausgelernet, und losgezählet werden. Desgleichen auch wenn sie Söhne, und das Handwerk Lust zu lernen hatten, sollen sie nicht länger als ein Jahr bei einem andern Meister lernen, wären aber Meisters Söhne, die gar keine Eltern hatten, oder ihre Mütter wollten das Handwerk nicht mehr treiben, sollen sie zwei Jahre lernen und hernach losgezählet werden umb die Gebühr die ein ander Junge geben muß.

27.

Ein jeglicher Geselle der sein Handwerk allhier oder an einem andern Ort, wo redliche Werkstätten sein, ehrlich gelernet und zu einen tüchtigen Gesellen, von zwei redliche Gesellen neben einen Meister gemachet worden und allhier Meister werden will, soll zwei Jahre nach einander wandern, und zwei Jahre nach der Wanderschaft an einander allhier arbeiten, jedoch das die Jahr anfangt zufor bei dem Handwerke, ehe er einsitzen thut, und ein halb Jahr muhten, und seinen Muhtgroschen von acht Wochen, bis wieder zu acht Wochen in das Handwerk legen, und nach verrichteter Muhtung soll er alsobald zur Verfertigung des Meisterstücks schreiten, oder soll der Muhtung wiederumb verfallen sein.

28.

Ein Geselle aber, der allhier sich in die Jahrarbeitung, und Muhtung eingelassen, soll wissen, das er sich soll also verhalten, das keine Klage kommen möge, würde er aber sich mit Feiern oder anderer Ungelegenheit finden lassen, soll er nach Erkenntniß des Handwerks gestrafet werden.

29.

Welcher Geselle das Meisterstück fertigen will, soll Erstlich machen eine große weiße Laterne mit zwölf Stehnhorn, und einen drei mal abgesetzten Hutt, und einen hohlen durchbrochenen Ring, die Stäbe aber sollen auch abgesetzt sein, und inne hohl, doch das sie innwendig ganz gefüttert sein, und drei Düllen auf einen sechseckigen Stern, den man kann abziehen von einer Spindel, mit dem Draht, darinnen die Lichter stehen, zum Andern, eine Wachsstabel Latern mit einem Futter, und einem Feuergezeug daran, das man kann das Feuergezeug abziehen und an die Laterne schrauben mit vier Eingesetzen, zum Dritten, eine Verwandte Laterne mit einem Feuergezeug, das man es kann mit dem Bunde neben der Luftröhre abziehen, mit einer durchbrochenen Handhaben, da man kann den äußersten Lauf herum drehen, und ein Licht darin verbergen, auch den Hutt mit den obern Bunde herumdrehen.

30.

Ein jeder Geselle der die Meisterstücke fertigen will, soll hierzu vier Wochen Zeit haben, und nicht länger, und soll solche Meisterstücke machen nicht in welcher Werkstatt er will, sondern wo ihn ein ehrsam Handwerk hinweiset und was einer von Handwerksgezeug darzu bedarf, soll er selbst darzu schaffen.

31.

Wann nun einer die Meisterstücke gemacht hat und nicht damit bestehet, der soll vier Wochen in Ruhe stehen alsodann soll er dasjenige, so er zuvor nicht recht gemachet wieder aufs neue machen, desgleichen soll es auch gehalten werden, wenn einer mit den Meisterstücken zum andern Mal fällig wird, aber zum Dritten Mal soll keiner fallen, se wären dann die Mängel gar zu groß, welches auf E. E. Raths Erkenntniß soll gestellet sein.

32.

Wann ein ehrlicher Geselle, der seine Gesellen-Jahre wie oben gemeldet, eine Wittfrau des Klempers oder Laternenmacher Handwerks allhier zu freien Lust hatte, der soll zuvor ein Jahr aneinander gewandert, ein Jahr aneinander allhier gearbeitet, und ein halb Jahr gemuhtet haben, als denn soll er ein Stücke von den obgemelten drei Stücken machen, welches er will. Gleichergestalt soll es auch mit eines hiesigen Meisters Sohn, und mit denjenigen ehrlichen Gesellen, der eine hiesige Meisters Tochter Luft zu freien hatte, gehalten werden.

33.
Wann ein ehrlicher Geselle oder Meisters Sohn das Seine, wie obgemeld, vollbracht, und sich mit einem ehrlichen Weibesbilde die keine tadelhaften Geburt noch von tadelhaftiger Eltern gezeuget, die in zünftigen Handwerken kann geduldet werden, ehrlich befreiet, und sein Meister Essen geben, der soll alsdann von dem ganzen Ehrsamen Handwerke zu einen ehrlichen Meister gesprochen werden, jedoch nicht eher, bis er sechs Gülden zu des Handwerks Nothdurft erlegt.

34.
Es soll auch ein jeder Geselle wissen, es sei Meisters Sohn oder ein fremder, wann ein ehrlicher Geselle in die Jahr Arbeit eingesessen, das keiner darzu nicht eher soll wiederkommen, es habe denn der eingesessene Geselle seine Jahr Arbeit, Muhtung und Meisterstücke gänzlich vollbracht, alsdann soll hernach ein ander, wann einer vorhanden darzu gelassen werden.

35.
Es sollen auch diejenigen die sich mit den Klipper Waren befinden, nicht hausieren gehen, es sei in oder zwischen den Jahrmärkten, laut E. E. Raths Abschied de acto 4. Dezembr Anno 1627 ohne Wohlgemelten Raths absonderlich Vergünstigung, desgleichen sollen auch alle fremde Meister neben denjenigen weder vor Einläutung noch nach Ausläutung der Jahrmärkte sich mit den Klipper Waren zu verkaufen nicht finden lassen wie es bishero bräuchlich gewesen und unsere Abschiede weisen thun.

36.
Es sollen auch alle fremde Meister wissen, daß sie sollen verfertigte Waren umhero zu Markte bringen, und nicht erst die neue noch alte Ware auf den Markte oder in den Häusern verfertigen.

37.
Es soll auch ein jedweder Meister er sei einheimisch oder fremde, nicht mehr als auf einem Stand in den Jahrmärkten feil haben.

38.
Wann sich auch sonsten Sachen zutrügen, welche mit Worten in diesen Artikeln nicht gemeldet aber gleichwohl wieder ein Handwerk wären, soll ein ehrsam Handwerk keinen weder zu Liebe, noch zu Leide, oder durch Gunst noch Abgunst strafen, sondern wie sichs gebühret, auch Handwerks Gewohnheit und Brauch ist, und wann gemelt Handwerk einen oder den anderen, es sei Meister oder Geselle Strafe zu erkennen möchte, und die Verbrechere wollen sich derselben nicht untergeben, und würde dahero die Sache vor E. E. Hochw. Rath gebracht und derselbe des Handwerks Erkenntniß billiget, so soll derjenige so diesfalls Unrecht gethan, und E. E. Rath, sowohl das Handwerk belästigt, die Strafe so ihme zuvor aufgeleget worden doppelt geben.

39.
Wann im Handwerke Strafen über sechs Groschen gefallen, so soll der Obermeister drüber ein richtig Verzeichniß halten, und die Hälfte davon der Laden, die andere Hälfte E. E. Rathe verrechnen und alle Quartal einantworten.

Der Gürtler oder Spengler

Der Spengler oder Gürtler, dem der junge Klempnerberuf zunftmäßig zugeordnet war, galt als der Künstler unter den Blech verarbeitenden Berufen. Sein Material war das dem Gold ähnliche Messingblech. Seine Berufsbezeichnung leitete sich von Spange oder auch Klampfe ab – Klammern, die anstelle von Knöpfen die Gewänder zusammenhielten. Entsprechend schrieb man den Beruf in Süddeutschland regional auch ‚Spängler' beziehungsweise in Österreich ‚Klampferer'. Der Name Gürtler läßt sich auf die Gürtelschnalle zurückführen. Charakteristische Werkstücke dieses eigenständigen Zweigs der Blechverarbeiter waren besonders die metallenen Bestandteile der Kleidung. In späterer Zeit fertigten Gürtler und Spengler auch Schnallen für Gurt- und Zaumzeug und Messingbeschläge für Pferdegeschirre und Wagen.

Der Spengler oder Gürtler verstand sich in erster Linie als Kunsthandwerker. Zu seinem Tätigkeitsbereich gehörte auch die Anfertigung schmückender Riegel und Scharniere für Möbel, Fenster, Türen, Kisten oder Truhen. Seine Produkte waren in erster Linie Luxusgegenstände, die über ihre praktische Anwendung hinaus ästhetischer Zierrat waren. Mit fein gearbeiteten goldglänzenden Messingverzierungen schmückten sie Bucheinbände, Heiligenbilder und Altäre. Sie galten als die Spezialisten für die Herstellung von rituellem Kirchengerät. Gürtler schufen fein ziselierte Zierdosen, Tafelbesteck, sie verschönerten aber auch Bügeleisen mit Buntmetallbeschlägen. Das Spengler- oder Gürtlerhandwerk läßt sich bis weit in die Bronzezeit zurückverfolgen. Sein Rohmaterial waren die farbigen Kupfer-, Bronze und Messinglegierungen, die man wegen ihrer Farbe als das 'Gold des kleinen Mannes' bezeichnete.

Die ersten Messinglegierungen für Gußstücke gehen vermutlich auf die Mössinözier zurück, die das Kupfer bereits im Altertum mit besonderen Erden verschmolzen, um goldgelbes Metall zu erhalten. Messinglegierungen bestanden, wenn man gelbes Metall er-

Der Gürtler. Nach einem Kupferstich von Christoph Weigel, 1698.

zielen wollte, aus 80% bis 88% Kupfer und 20% bis 12% Zink. Setzte man solchen Legierungen ein wenig Blei bei, hatte es nach dem Polieren die Farbe von grünlichem Gold.

Im 18. Jahrhundert kamen die dem Silber ähnlichen Kupfer-Zink- und Nickel-Legierungen Tombak und Argentan, im 19. Jahrhundert das Alpacca hinzu. Zinn wurde vom Spengler vor allem für die Knopfherstellung verwendet. Ab dem 18. Jahrhundert übernahmen die Gürtler auch die Fertigung von Uniformknöpfen, Patronentaschen, Orden und Ehrenzeichen. Neben Buntmetallen wurden in geringerem Maß auch Eisen und Stahl verarbeitet. Durch Zunft- und Gildevorschriften eingeschränkt, blieben Gold und Silber allein den Goldschmieden vorbehalten. Lediglich zum Verzieren unedler Metalle durfte er Edelmetalle verwenden. Vielerorts mußte der Spengler ab dem 17. Jahrhundert das Messingblech mit dem Klempner teilen, der hieraus weniger anspruchsvolle Gegenstände schuf.

Durch die industrielle Massenfertigung verdrängt, ging der Beruf des Spenglers im 19. Jahrhundert völlig im Klempnerhandwerk auf, wobei der Weißblechner gerne die angesehene Berufsbezeichnung seines kreativen Kollegen übernahm.

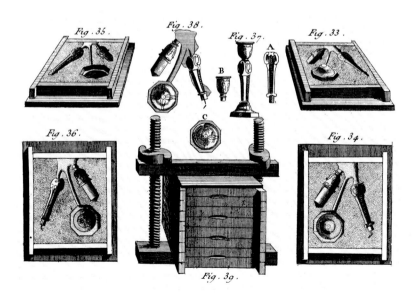

Sandformen für den Edelmetallguß, 18. Jh..

Der Rotgießer. Nach einem Kupferstich von Christoph Weigel, 1698.

Nah verwandt mit dem Gürtler war der Gelbgießer, der kleinere Gegenstände wie Knöpfe, Schnallen, Beschläge, Handgriffe, Kerzenleuchter, Öllampen, Glöckchen, Teller und Krüge, Wasserspeier und -hähne aus Messing- oder Bronzelegierungen goß. Durch das Kupfermonopol der Fugger wurden im frühneuzeitlichen Nürnberg solche Mengen des gelben Metalls vergossen, daß man den Nürnberger Gelbgießern die Erfindung des Messings nachsagte.

In einigen Städten übte der Rotgießer, dessen Rohmaterialien ursprünglich Bronzelegierungen waren, auch das Gelbgießerhandwerk aus. Starke Überschneidungen gab es hier mit dem Beruf des Spenglers, der teilweise die gleichen Produkte, die der Gelbgießer goß, aus Messingblech und Messingdraht formte. Der Gelbgießer war stets einer der wichtigsten Zulieferer des Haushaltwarenklempners, der seine silbrigen Blechwaren häufig mit gegossenen Messinggriffen und Beschlägen verzierte. Wie weit das Tätigkeitsfeld des Messinggießers reichte, zeigt das Beispiel des erfindungsreichen Gelbgießers Hans Wolf Löhner. *„Dieser"* so heißt es in Neudörfers Nürnberger Kunstgeschichte von 1547, *„wiewohl er insgemein sein Nahrung mit Zurichtung und Verfertigung messingener so gestalteter Citronen und Pomeranzen, daraus man allerhand wohlriechende Wasser sprengen kann, suchet, so ist er doch benebst in mechanischen Künsten und Wasserwerken wohl erfahren, auch von besonderen Erfindungen. Er macht Springbrunnen, so man in Gemächer, wohin man will, tragen kann, die von eingefangener Luft getrieben werden und anmuthig zu schauen sind. Von vornehmen Leuten wird er geliebt und in deren Behausungen zu Wasserleitungen und Springwerk gebraucht, wie er denn in Herrn Hans Herdan´s Haus am Roßmarkt einen Berg und Garten zugerichtet, worin nicht allein viel bewegliches Dings von Bildern und anderem zu sehen, sondern auch unterschiedliche Melodeien geistlicher Lieder zu hören, so Alles vom Wasser getrieben wird. In der Lanzingerischen, jetzt Schützschen Behausung an der Fleischbrücke hat er das darin befindliche lebendige Wasser vermittels eines sonderbaren, mechanischen Werks, durch Rohr, auf die sechsunddreißig Schuh (1 Nürnberger Stadtschuh = 30,4 cm) in die Höhe geführt, so daß nicht allein in oberen Zimmern und Sälen, mit Verwunderung, sondern auch wieder unten in dem Hof und Garten von dem*

Abfall lebendige Springbrunnen und kurzweilige Spiel und Springwerk angerichtet werden können. Er ist auch im Werk begriffen, eine schlagende Standuhr durch Trieb des Wassers zu verfertigen. Ist sonst ein frommer, ehrlicher und gottesfürchtiger Mann, lebt bei wenigem Einkommen in großer Vergnüglichkeit."

Im belgischen Namur entstanden 1749 mit Hilfe wassergetriebener Hammerwerke erste Manufakturen zur Herstellung von serienmäßig hergestellten Messingwaren. Die Zinkerze hierfür stammten aus dem Limburgischen Raum. Nach belgischem Vorbild ent-

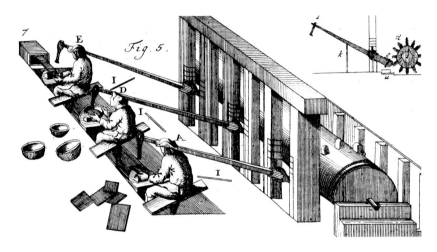

Hammerwerk einer belgischen Manufaktur in Ville-Dieu zur Herstellung von arbeitsteilig gefertigten Messingwaren. Mitte des 18. Jh.

stand bald auch im Aachener Gebiet eine nennenswerte Messingfertigung. Die Erzeugnisse wurden im 18. Jahrhundert in großen Mengen nach England exportiert. Seit Beginn des 19. Jahrhunderts wurden handwerklich gefertigte Messingwaren immer mehr durch industrielle Massenprodukte verdrängt. Eigenständige Handwerker haben damit ihre Existenzgrundlage verloren. Der Messinggießer wurde zum Industriegießer. Zu seinen Aufgaben gehörte fortan auch das Gießen von Wasserhähnen, Kranen und Armaturen. Er wandelte sich damit zum Zulieferer des heutigen Installateurs.

„Der Kupferschmied und die Jungfrau".
Nach einem Holzschnitt aus dem 17. Jh..

Der Kupferschmied

Der König unter den blechverarbeitenden Handwerkern und doch eng verwandt mit seinem ärmeren Zunftgenossen, dem Klempner, war der Kupferschmied. Seine Kunst, das rotglänzende Metall oder seine Legierungen in Form von Blech zu Gefäßen und Hohlkörpern zu verwandeln, geht mindestens bis ins 7. Jahrtausend v. Chr. zurück. Das älteste bisher gefundene Metallrohr bestand aus gebogenem Kupferblech. Es stammte aus Ägypten und wird auf 2900 v. Chr. datiert. Von Ägypten gelangte das Kupferhandwerk über das Zweistromland und Griechenland, zu den Etruskern und Römern. Im letzten Jahrtausend vor Christus wurde Kupfer als Rohmaterial für Gebrauchsgüter von dem härteren und preiswerteren, aber nicht korrosionsfesten Eisen zurückgedrängt. Kupfer wurde jetzt in Form von Bronze- und Messinglegierungen benutzt. Mit dem wachsenden Wohlstand des ausgehenden Mittelalters kam der kupferne Hausrat wieder in Mode. Für die Kupferwerkstätten ergab sich hierdurch ein weites Betätigungsfeld. Ein Nachteil dieses Metalls bestand allerdings darin, daß es in Verbindung mit fetten oder sauren Speisen giftigen Grünspan ansetzte und daher an den Flächen, wo es mit Speisen in Berührung kam, verzinnt werden mußte.

Kupfer besitzt wie kein anderes Metall die Besonderheit, daß es sich durch kaltes Schlagen mit dem Hammer in jede gewünschte Form strecken und treiben läßt, ohne dabei zu reißen oder zu springen. Die Tätigkeit des Kupferschmiedes gründet sich auf dieser Eigenschaft des Metalls. Aus gegossenen Kupferplatten konnte er größer dimensionierte Gefäße treiben, als alle übrigen Blechberufe. Kugelförmige beziehungsweise runde Formen waren seine Spezialität. Die aufkeimende chemische Industrie forderte hitzebeständige, korrosionsfreie Kessel, z.B. zur Herstellung wohlriechender Essenzen, für Destillierapparate, für Retorten, Färbekessel und Küpen. Die Braupfannen der Bier- und Essigbrauer sowie die Siedekessel der Seifenhersteller und Kerzenzieher bestanden aus Kupferblech. Hin-

Darstellung eines Kupferhammers um 1698. Nach einem Kupferstich von Christoph Weigel.

zu kam die Installation flüssigkeitsführender Röhren aus Kupfer. Bald gab es kaum noch ein Gewerbe, das auf den Kupferschmied als Lieferant kupferner Produktionsmittel verzichten konnte. Innerhalb des Kupferschmiedehandwerks bildete sich der Erwerbszweig des Kesslers oder Apparatebauers heraus. Diese Tätigkeit wurde in den Hammerschmieden ausgeübt. Der Kesselschmied trieb hier seine Großgefäße mit schweren wassergetriebenen Hämmern. Er beschäftigte in der Regel eine größere Anzahl Gesellen, die arbeitsteilig produzierten. Haushaltswaren, Geschirr, Pfannen, Trichter, Wasserbehälter, Waschbecken, Badegefäße, Fuß- und Bettwärmer wurden von kleinen Handwerksbetrieben, den sogenannten 'Werkstättern', gefertigt, die wie der Klempner mit höchstens zwei Gesellen arbeiteten.

Die Kupferschmiede wurden zum angesehensten und wohlhabendsten Berufszweig unter den Blechschmieden. An günstig gelegenen Plätzen, z.B. in großen Städten oder an viel befahrenen

Nur wenig Änderung erfuhren die Produktionsmethoden des Kupferschmiedes in den letzten Jahrhunderten. Die Fotografie zeigt die Hammerproduktion im dampfgetriebenen Neuhammer der Kupferhütte Grüntal im Erzgebirge, um 1920. Die Schwanzhämmer waren hier allerdings bereits auf gußeisernen Ständern gelagert.

Satz und Ordnung /

Der Burgerlichen / Hofbefreyten / und andern Kupffer-Schmidt / welche auff Ihro Keyſ. May. ꝛc. Unſers Allergnädigſten Lands-Fürſtens / und Herrns Beſelch / durch die N: Oe. Regirung / mit Zuziehung deß Burgerlichen Statt-Raths verfaßt / und hiemit Jedermänniglich zu halten gebotten wird. Als

1. Ein Pfund Neu verzinntes Kupffer von ſauberer Arbeit / und wo kein Eiſen daran iſt / in Keller-Keſſeln / Kandeln / Schüſſeln / Becken / und Waſſer-Schäffern / ein Pfund / per 33. kr.
2. Was aber ordinari gemeine Arbeit iſt / und in eben dergleichen Sorten / das Pfund / per 30. kr.
3. Ein Pfund Kupffer in Brandwein-Keſſeln / und Preu-Pfannen / ſo aber wenig mit Eiſen beſchlagen / und nur Eiſerne Ring / oder Handhaben daran ſeynd / per 28. kr.
4. Ein Pfund neu-verzinntes Kupffer / in Schmaltz- oder Koch-Höfen / Fiſch-Keſſeln / Paſteten / Dorten-Pfannen / woran etwas von Eiſen iſt / per 24. kr.
5. Gluet-und Bett-Wärm-Pfannen / Trucker-Hüt / und andere durchbrochene / auch ſonſten allerley kleine Arbeit / ingleichen die ſauber bauchete Cnarth-Arbeit / ſo auff Silber-Arbeit außgemacht wird / jedes nach Geſtalt der Arbeit / in einem billichen Werth verkauffen.
6. Sie Kupffer-Schmidt / vor drey Pfund altes / mit ſambt dem Eiſen / zwey Pfund neues / ebenfalls ſambt dem Eiſen / Kupffer zu geben ſchuldig ſeyn.
7. Von denenſelben vor die Arbeit eines Pfunds von guten Hungariſchen Platten-Kupffer / ſo der Herr gibt / 10. biß 12. kr. Doch daß vom Centen 5. Pfund in das Feuer nachgelaſſen.
8. Von dem alten Kupffer Macherlohn in ſimili, von einem Pfund / 10. biß 12. kr. Doch daß vom Centen 8. Pfund in das Feuer nachgelaſſen werden; hinfüro nehmen.

Und wird denen Kupffer-Schmidten hiemit alles Ernſts aufferlegt / daß ſie wider diſe Ordnung Niemandt beſchwären ſollen / widrigens mit unaußbleiblicher Straff / und Confiſcirung deß zu hoch verkaufften Kupffer-Beſchmeidts / ſo dem Anzeiger umb ſonſt gegeben werden ſollen / wider ſie unfehlbar verfahren werden wurde. Actum Wienn / den 27. Januarii Anno 1688.

Gedruckt / und zu finden in Wienn / bey Leopold Voigt / Buchdruckern in dem Waag-Hauß.

Wiener Preistabelle für Kupferschmiedearbeiten aus dem Jahre 1688.

Handelsstraßen, entstanden im 16. und 17. Jahrhundert große Kupfermanufakturen, die arbeitsteilig produzierten und eine eigene Lagerhaltung hatten. Diese lieferten auch grob vorgefertigte Halbfabrikate, die dann von den kleinen Werkstätten zum Teil nur noch geglättet und komplettiert werden mußten. Eine lukrative Tätigkeit der in Seestädten ansässigen Kupferschmiede war in früheren Jahren das Beschlagen der hölzernen Schiffsrümpfe mit Kupferblech, gegen Fäulnis und Bewuchs, was etwa alle sechs Jahre wiederholt werden mußte. Diese Arbeit beanspruchten jedoch auch die Bootsbauer für sich. Sie argumentierten, die Bleche müßten für diese Arbeit nicht extra bearbeitet werden.

Der Kupferschmied stand nicht nur im Haushaltsbereich in scharfem Wettbewerb mit dem Klempner, den die Zunftordnung aus-

Kupferschmiede bei der Herstellung von groß dimensioniertem Haushaltsgerät nach einer Radierung des Holländers Jan Georg van Vliet, Anfang 17. Jh..

schließlich an Eisenblech und Blei band. Der das rote Kupfer verarbeitende 'Werkstätter' versah auch die Dächer der Kirchtürme, Rathäuser und anderer Gebäude mit den nahezu unverwüstlichen grün oxydierenden Blechen. Wie der Klempner fertigte er Dachspitzen, Rinnen und Fallrohre, Wasserspeier und Blechzierrat an Gebäuden. Erst als zu Beginn des 19. Jahrhunderts die ersten Zink- und verzinkten eisernen Walzbleche auf den Markt kamen, konnte der Klempner mit seinem kupferverarbeitenden Konkurrenten gleichziehen. Jetzt hatte der Blechner sogar die Vorteile des billigeren Materials auf seiner Seite. Der Kupferschmied faßte erst Ende des 19. Jahrhunderts wieder Fuß am Bau, als er im Sanitärbereich die Heißwasserkessel für Badeöfen und Durchlauferhitzer lieferte.

Destillieranlage mit geschmiedetem Kupferkessel, um 1910. Klempner- und Kupferschmiedemuseum, Karlstadt.

Der Beckenschläger oder Blechschläger, wie er in Niedersachsen hieß, vereinigte in sich die Berufe des Kupferschmieds und des Klempners. Er stellte die unterschiedlichsten Gefäße durch Treiben mit der Technik des Kupferschmiedes her und fertigte ebenfalls Messingartikel aus Blech nach Art des Klempners.

Es gilt als gesichert, daß die Ursprünge der mittelalterlichen Kupferschmiedebrüderschaften im deutschsprachigen Raum lagen. Sämtliche Zunftdokumente, die zünftige Geheimsprache und auch die Handwerksbräuche des In- und Auslands waren ursprünglich in deutscher Sprache abgefaßt. So bestand bereits sehr früh ein internationales, gesamteuropäisches Übereinkommen aller Kupferschmiede, das vom Atlantik bis tief nach Rußland hinein seine Gültigkeit hatte. Die Kupferschmiedebrüderschaft garantierte ihren wandernden Gesellen auf dem gesamten Kontinent die gleichen Rechte wie dem einheimischen Handwerker. Häufig genoß gerade der Fremde besondere Achtung, da er auch neue Techniken und Moden mit in die Werkstatt seines Meisters brachte.

Blick in eine große Kupferschmiede. Darstellung aus dem 'Buch der Erfindungen, Gewerbe und Industrien', 1872.

Im Zuge der Industrialisierung drohten die alten Rechte der selbstbewußten Kupferschmiedezunft verdrängt zu werden. Arbeitszeiten von 12 bis 14 Stunden täglich und mehr wurden in den Fabriken gefordert, aber oft nicht entlohnt. Um diesen Verhältnissen Einhalt zu gebieten, konstituierte sich 1885 in Leipzig der schlagkräftige Verband der Kupferschmiede Deutschlands, der schon damals eine Vielzahl gewerkschaftsähnlicher Aufgaben übernahm und sich auch als Unterstützungsverein für aus der Arbeit ausgeschiedene oder in Not geratene Mitglieder begriffen hat.

Blick in die Werkstatt eines sogenannten 'Werkstätters' um 1835, sowie die wichtigsten Werkzeuge und Produkte dieses eigenständigen Berufszweigs der Kupferschmiedezunft. Farblithographie von Schreiber, um 1840.

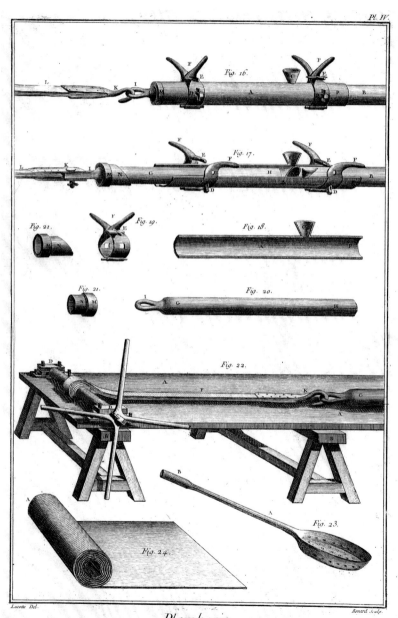

Zerlegbare Gußform und Zugeinrichtungen zum Gießen von Bleirohren. Aus der Encyclopédie von Diderot und Alambert, 1751-1772.

Von Bleigießern und Rohren aus Blei

Für die Verbreitung des Bleis als Baumaterial sollte in Europa noch Jahrhunderte nach Abzug der Römer der Verlauf des Limes als imaginäre Grenze bestimmend bleiben. Während Blei in den Landschaften der einst freien Länder Germaniens bis in die Neuzeit hinein kaum eine Rolle spielte, war es in den ehemals römisch besetzten Gebieten nie in Vergessenheit geraten. Dort, wo heute der Kölner Dom in den Himmel ragt, standen schon seit 2000 Jahren bleigedeckte sakrale Vorgängerbauten; zuerst römische Tempel, deren Reste man fand, später dann christliche Kirchen. Bei archäologischen Ausgrabungen wurden an gleicher Stelle auch römische Bleirohre gefunden. In der Architektur Großbritanniens, der Niederlande, Frankreichs und Belgiens blieb Blei auch während des Mittelalters

Französischer Plombier in seiner Werkstatt, bei der Herstellung von Bleirohren. Kupferstich aus der Encyclopédie des Diderot, um 1750.

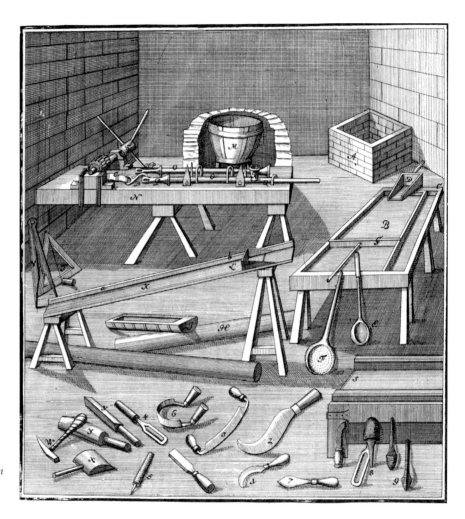

Werkzeuge und Werkstatteinrichtungen des Plombiers. Kupferstich nach Leupold, 1724.

ein vielgenutztes und bedeutsames Material. Die Nachkommen der römischen Plumbarii, die das Schwermetall kunstvoll verarbeiten, nannte man in Frankreich Plombier, in England Plumber (lat. plumbum = *Blei*) und in den Niederlanden Loodgieter (Bleigießer). Ihr Tätigkeitsbereich entsprach, mit geringen Abweichungen, dem der Bauklempner und Kupferschmiede. Die Herstellung von Bleirohren, Metallverwahrungen, Wassersammelkästen, Wasserreservoiren, Dachrinnen, Dachbedeckungen und deren Montage war ihre Aufgabe. Lediglich das verwendete Material und die materialbedingten Arbeitstechniken unterschieden die Bleiberufe von den Tätigkeiten ihrer deutschen Blechnerkollegen. Heute stehen die verschiedenen Berufsbezeichnungen der Bleiberufe für den Installateur.

Im französischen Raum hatten die Merowinger die römische Bleitradition fortgesetzt. Unter ihrer Herrschaft wurden sämtliche öffentlichen Gebäude, Kirchen und Paläste mit Blei gedeckt. Stolze Bauwerke, wie zum Beispiel die gotischen Kathedralen zu Reims (erbaut um 1211), zu Amiens (ab 1220), zu Rouen (13.-16. Jh.) oder Evreux (12.-13. Jh.) zeugen noch heute von der hohen Kunst der französischen Bleidecker. An der Kirche Notre Dame zu Chalon sur Marne wurden im 13. Jahrhundert in die Bleitafeln figürliche und ornamentale Muster eingraviert und die Vertiefungen mit schwarzer Masse ausgefüllt. Farbige Malerei und Vergoldung hoben die glatten Flächen der Gravierungen hervor. Man nimmt heute an, daß die meisten mittelalterlichen Bleiarbeiten mit Malerei verziert waren. Die Darstellungen wurden von den Bleiverarbeitern mit starker Beize in das Metall eingeätzt.

Doch nicht nur Dächer wurden mit Blei versehen, auch Fassaden hatte man mit Bleitafeln, die man mit besonderen Haltern an den Wänden befestigte, verkleidet. Die Plattensäume waren gefalzt, um das Klappern im Wind zu vermeiden. Der Vorteil von Bleiverkleidungen bestand darin, daß man einzelne Tafeln im Schadensfalle leicht austauschen konnte. Ähnlich wie in Frankreich verlief die Entwicklung auch in Großbritannien, das ebenso nach Abzug der Römer über eigene Bleivorkommen verfügte.

Als weithin sichtbares Zeichen französischer Vorherrschaft in Kunst und Kultur ließ der französische Sonnenkönig Ludwig XIV. im Jahr 1661 Schloß Versailles errichten. In großem Stil wurde hier Blei für dekorative und ornamentale Zwecke verwendet. Sparsames Haushalten und die Existenz staatlicher Bleiminen waren vermutlich die Gründe dafür, daß sich damals nahezu alle Künstler Frankreichs mit dem Werkstoff Blei auseinandersetzen mußten. Für die aufwendig gestalteten Parkanlagen entstanden beeindruckende Bleiplastiken nach Szenen aus der griechischen Mythologie. Charles Lebrun und die Gebrüder Marsy entwarfen prächtige Springbrunnen, die von Jean

Der niederländische Lootgieter. Radierung von Jan Luyken, Amsterdam 1694.

Rohrleitung aus Eisenguß zur Versorgung der Brunnen und Wasserspiele von Versailles. Für die 'große Maschine von Marly' wurden erstmals gegossene Eisenrohre hergestellt.

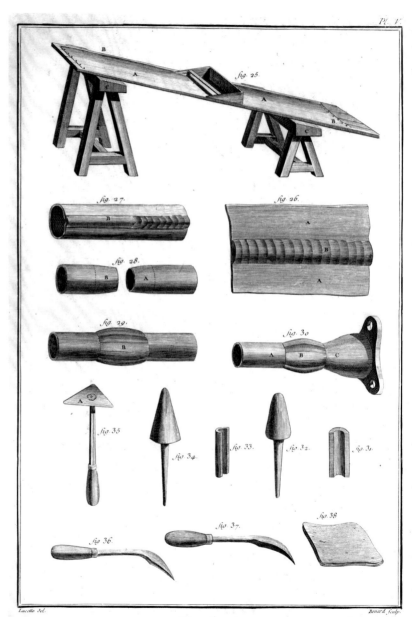

Bleirohrbearbeitung und Werkzeuge. Kupferstich aus der Encyclopédie des Diderot und Alambert, um 1750.

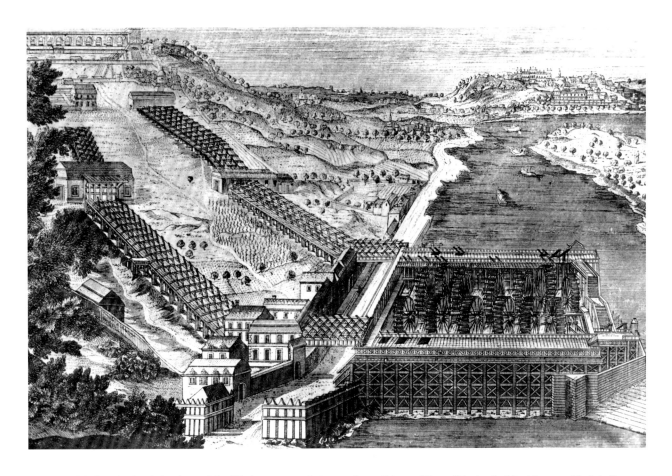

Jaques Keller beispielgebend in Blei umgesetzt wurden. Diese Figuren wurden jedes Jahr neu vergoldet, damit sie prächtig in der Sonne glänzten.

850 Tonnen Blei wurden für die weitverzweigten Wasserleitungssysteme der Gärten verarbeitet. Um die gewaltigen Mengen von Wasser von der Seine heranzuführen, ließ Ludwig XIV. im Fluß imposante Pumpanlagen errichten und erstmals eiserne Rohre für eine Druckleitung gießen. Schließlich bewegten 14 mächtige Wasserräder 221 Pumpen, die täglich 3000 m³ Wasser um 162 m auf Gartenniveau anhoben. Zur Errichtung dieser monumentalen Anlagen mußten sieben Jahre lang fast 2.000 Menschen beschäftigt werden.

Die 'große Maschine von Marly', die Ludwig XIV. 1678-1685 eigens für die Versorgung seiner Wasserspiele von Versailles erbauen ließ. 14 riesige Wasserräder von 12 m Durchmesser pumpten täglich 3000 m³ Seine-Wasser in die Schloßgärten. Der Bau verschlang 90.000 t Holz, 16.000 t Eisen, 850 t Kupfer und ebensoviel Blei. 2000 Menschen waren 7 Jahre mit dem Bau dieser gewaltigen Wasserförderanlage beschäftigt.

Der britische Plumber und seine Tätigkeiten am Bau. Nach einem Stich von Tabart, aus 'The Book of English Trades', 19. Jh..

Das mit großem technischen Aufwand herangeführte Wasser war ausschließlich für die Brunnen und Wasserspiele in den Parkanlagen gedacht. Der körperliche Kontakt mit dem nassen Element war zu jener Zeit tabu. Man betrachtete das Wasser als einen gefährlichen Krankheitsüberträger, der Pest, Syphilis und andere Leiden in den Körper einschwemmen konnte. Deshalb wurde Körpergeruch mit Duftwässern überdeckt und die Poren der Haut mit parfümierten Pudern verschlossen.

Die Schloßanlage Versailles sollte zum Vorbild für die Barockschlösser Europas werden. Mit dem Lebensstil am Hofe des Sonnenkönigs kam auch das Blei in den Schlössern Europas in Mode und entwickelte sich allgemein zum Grundmaterial für Kunst und Architektur.

Bleirohre wurden zu jener Zeit auf zweierlei Arten hergestellt. Bei sehr großen Rohrdurchmessern griff man auf die Technik der Römer zurück, indem man zuerst auf einer ausgeloteten Platte Bleitafeln goß, diese zum Rohr bog und an der Stoßnaht verlötete. Für kleine und mittlere Durchmesser hatte man ein Verfahren entwickelt, das die Herstellung von Rohren in unbegrenzter Länge erlaubte. Diese Methode beschreibt Leupold 1724 als *„eine sehr schwere Arbeit, denn je größer die Röhren seyen, desto gefährlicher und mühsamer ist die Operation"*. Man arbeitete hierbei mit einer etwa 75 cm langen, mehrteiligen Gießform aus Kupfer oder Messing, die mit Schraubverschlüssen oder Riegeln dicht verschlossen werden konnte. Ein im Zentrum fixierter eiserner Rundstab mit Zugöse definierte den Innendurchmesser des fertigen Rohres. War die Gußform montiert und vorgewärmt, wurde über den Trichter flüssiges Blei eingefüllt. Der eiserne Kernstab konnte nach dem Erkalten des Bleis, mit Hilfe der am Gießtisch angebrachten Haspel, aus der Form herausgezogen werden. Anschließend öffnete man die Form und schob das nun fertige Rohrstück soweit heraus, bis sich nur noch wenige Zentimeter Rohr in der Gußform befanden. Nun legte man den Gußkern ein und goß an das fertige Rohrstück ein weiteres an. Die Gesamtlänge der Rohre wurde allein durch ihr Handhabbarkeit und die gegebenen Transportmöglichkeiten begrenzt. Für Versailles entstanden auf diese Weise Röhren mit Durchmessern von bis zu 15 Zoll.

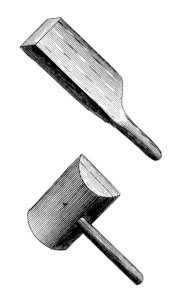

Holzwerkzeuge zum Formen von Bleiblechen und -rohren.

Englischer Plumber beim Zuschnitt von Blei in der Werkstatt. 19. Jh..

Eine weitere Methode der Bleirohrherstellung bestand darin, einen relativ starkwandigen Rohrrohling zu gießen und diesen auf einer Ziehbank zu strecken. Hierbei wurde der Rohling durch immer kleiner werdende Öffnungen gezogen und soweit gedehnt, bis der gewünschte Außendurchmesser erreicht war. Um den Innendurchmesser frei und glatt zu halten, wurden während des Ziehvorgangs Dorne in die Rohre eingelegt. Weil diese Kernstäbe ziemlich fest

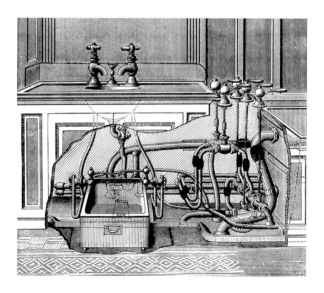

Badinstallation aus Blei, 1885. Typisch für diese Zeit die Schutzwanne unter der Verrohrung. Aus einem Installationshandbuch um 1855.

saßen und nur bis zu einer gewissen Länge wieder entfernt werden konnten, waren die so hergestellten Rohrlängen sehr begrenzt.

Im Jahr 1820 entwickelte der Brite Thomas Burr ein Verfahren mit dem Bleirohre durch Formpressen in fast beliebiger Länge hergestellt werden konnten. Burr goß geschmolzenes Blei in einen dickwandigen Zylinder und ließ es erkalten. Anschließend preßte er das Metall unter hohem Druck mittels Kolben durch eine verengte Öffnung am Ausgang des Zylinders. Durch die hohen Drücke wurde das Metall plastisch und begann über einen zentrisch in der Öffnung angebrachten Dorn zu fließen. Beim Austritt brach der Bleistrang von innen her auf und bördelte sich nach außen auf. Später wandelte man diesen Preßvorgang ab, indem anstelle des kalten

Metalls halbflüssiges Blei durch den Preßring gedrückt wurde. Durch einen Kühlvorsatz erkaltete das Blei direkt nach dem Austreten. Die große Glätte und Porenreinheit der warm gepreßten Röhren war so ausgezeichnet, daß man bald auch Blech auf diese Weise herstellte. Hierfür wurden dünnwandig gepreßte Rohre mit großem Durchmesser aufgetrennt und plan gebogen.

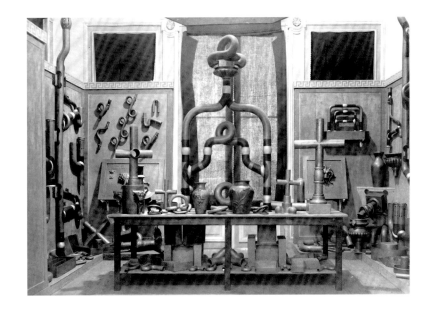

Arbeitsbeispiele französischer Plombiers, ausgestellt anläßlich eines 25jährigen Jubiläums der 'Unions Patronales Plombiers-Zingueurs' in Anvers, 1925.

In der zweiten Hälfte des 19. Jahrhunderts waren Bleirohre in einer Vielzahl von Durchmessern im Angebot. Ihr Innendurchmesser reichte von 4 mm mit 2 mm Wandstärke bis hin zum 140 mm-Rohr mit 16 mm starken Wandungen. Größere Durchmesser konnten bis etwa 5 m Länge gezogen werden, kleinere Rohre waren auf bis zu 56 m langen Rollen im Handel.

Als man die Vergiftungsgefahr, die von trinkwasserführenden Bleirohren ausging, wieder neu erkannt hatte, versuchte man die Innenwände der Rohre zu verzinnen. Erste Beschichtungen waren jedoch nur kurzlebig, da sie sich durch Elektrolyse auflösten. Erst ab der Mitte des 19. Jahrhunderts gelang es gesundheitsverträgliche Bleirohre mit einem starken Innenmantel aus Zinn zu ziehen.

Die regional unterschiedlichen Bezeichnungen des Weißblechners

Die bis heute regional unterschiedliche Benennung des Klempnerberufes zeigt am deutlichsten, wie unklar umrissen dieses Metallhandwerk lange Zeit war. Die verschiedenartigen Berufsbezeichnungen leiten sich von den landschaftlich abweichenden Berufsinhalten ab. Der deutsche Sprachkundler Jacob Grimm (1785-1863) ordnete das altdeutsche Zeitwort 'klampern', den Geräuschen zu, die entstehen, wenn man mit dem Hammer auf dünnes Blech schlägt. Im Altschwäbischen bedeutete dieses Wort auch „mit dem Klöppel an eine Haustüre klopfen". In der Folge leitete Grimm ab: Klamperer, Klampferer, Klemperer, Klempner - also Lärmschläger. Als weitere Herkunftsbezeichnung bietet sich auch das mittelalterliche Wort „Klampe" an, was soviel wie Flickflecken bedeutete. Es ist daher auch oder gleichzeitig möglich, daß Klamperer oder Klemperer, Kessel- oder Pfannenflicker bedeutet haben könnte.

In Nord- und Mitteldeutschland verwendet man noch heute die lautmalerische Bezeichnung Klempner, der die frühere Bezeichnung 'Klemperer' oder im sächsischen auch 'Klipperer' vorausgegangen war. Südlich und westlich des 'Klempnergebietes', das von Westfalen bis Lothringen reicht, ist bis heute die Berufsbezeichnung Spengler (auch Spängler) gültig, die ursprünglich dem Beruf des Gürtlers zugeordnet war. Im selben Zusammenhang ist auch der in Österreich gebräuchliche Handwerksname 'Klampferer' zu sehen. Er ist von 'Klampfe', was sprachlich Spange bedeutete, abgeleitet.

Die Bezeichnungen Blechner, Blechschmied, Blicken- oder Blechschläger gehen auf das hauptsächlich verwendete Material zurück. Der niedersächsische Becken- oder Blechschläger vereinigte ursprünglich die Tätigkeiten des Klempners und des Kupferschmiedes in sich. Der Blechschläger formte Gefäße nach Art des Kupferschmiedes durch Austiefen oder Treiben, ebenso wie durch Biegen und anschließendes Vernieten oder Löten wie der Klempner. Vom

Der Flaschner. Kupferstich von Christoph Weigel 1698

Abb. linke Seite: Sprachkarte mit den regional unterschiedlichen Benennungen für das Klempnerhandwerk. Die Bezeichnungen haben sich in der Umgangssprache in den meisten Regionen fälschlicherweise auch für den Installateur eingebürgert. Das Installateurhandwerk stellt heute jedoch einen selbständigen Ausbildungsberuf dar. Quelle: dtv-Atlas zur deutschen Sprache

Weißblechner unterschied der Blechschläger sich besonders dadurch, daß er stärkeres Blech verarbeitete. Daher stand ihm für seine Arbeit auch das harte Schlaglot zur Verfügung, dessen sich der Klempner bei seinen dünnen Blechen nicht bedienen konnte. Der norddeutsche Beckenschmied trieb mit dem Messinghammer Schalen und fertigte die verschiedensten Becken und Schüsseln. Seine Produkte aus Messingblech, Rotmetall und Tombak waren die eines Klempners: Kaffeekannen, Leuchter, Lampen usw., die er, wenn sie mit dem Feuer in Berührung kamen, mit Schlaglot verband. Getriebene Messingwaren wurden nach dem Schlagen mit der Feile geglättet und mit der Scheibe poliert. In Kupfer trieb der Beckenschläger nur relativ kleine Waren, Größeres mußte er dem Kupferschmied überlassen.

Im Gegensatz zum niedersächsischen vereinte das süddeutsche Beckenschlägerhandwerk, wie es besonders in Nürnberg ausgeführt wurde, den Blechbrenner und den Messingschmied. Der süddeutsche Blechschmied stellte seine Messinglegierung durch Schmelzen selbst her und trieb hieraus mit einem zumeist mit Wasser angetriebenen Hammer Becken, Pfannen, Waagschalen, Kessel u.s.w. Die Nürnberger Beckenschmiede konnten ebenso mit Kupfer arbeiten. Auch schlugen sie, wenn es der Kunde wünschte, silberne und goldene Becken aus freier Hand.

Die Bezeichnungen Flaschner (in Baden und der Pfalz) oder Laternen- und Schellenmacher benennen das Handwerk nach seinen früheren Haupterzeugnissen. Der Flaschner stellte die verschiedensten Hohlkörper wie Blechflaschen und besonders Feldflaschen aus verzinnten und unverzinnten Blechen her. Er arbeitete vor allem mit weichem Lot. Unverzinnte Blechprodukte verzinnte er zumeist selbst. Daneben übernahm der Flaschner jede Art von Klempnerarbeit. In der Schweiz wurde auch die Berufsbezeichnung Stürtzner verwendet.

Walzwerke ermöglichen die Produktion gleichmäßiger und größerer Blechtafeln

Schon Leonardo da Vinci (1452-1519) beschäftigte die Idee, Bleche mit Hilfe von Walzen herzustellen. 1495 zeichnete er Walzwerke mit eisernen Achsen und Gegendruckrollen. Ihre Aufgabe war es *„eine Art, dünne und gleichmäßige Platte aus Zinn herzustellen. Die (Walzen) sollen aus Glockenmetall gefertigt sein, damit sie härter sind, und man versehe sie mit eisernen Achsen, damit sie sich nicht verbiegen. Indem auf diese Weise eine Achse die andere umdreht, strecken sie eine Platte aus, die ungefähr eine Elle breit ist."* Weitere Walzwerkentwürfe des genialen 'Generalingenieurs' Caesare Borgias waren für Gold und Fensterblei bestimmt.

Das älteste Walz- und Schneidwerk für Eisenblech, von dessen Existenz wir wissen, wurde im 16. Jahrhundert in Nürnberg erwähnt, wo Hans Lobsinger (gest. um 1570) Preßwerke *„in Form einer Mühle machte, darinnen man Eisen ohne Hammer zainen und strekken, dick und dünn als gesägte Blätter, richten kundte."* Es ist sehr wahrscheinlich, daß Lobsingers Walzwerke auch zur Weißblechfa-

Leonardo da Vincis Entwurf zweier handgetriebener Blechwalzwerke für Zinnblech aus dem Jahr 1495 ist die älteste Darstellung des Walzverfahrens überhaupt. Um sein Verfahren geheim zu halten, hatte da Vinci die Beschreibung seiner Skizzen in Spiegelschrift angefertigt.

Abb. links: Walzwerk für Orgelpfeifenbleche aus Blei oder Zinn von Salomon de Gaus, 1615. Die kleine Abbildung zeigt die Schraubspindel zum Einstellen des Walzabstandes.

Innenansicht der durch ein Wasserrad angetriebenen Walzanlage des Tobiashammers in Ohrdruf in Thüringen. Im Hintergrund das Schwungrad mit einem Durchmesser von sechs Metern. Das Walzwerk wurde 1851-1854 in Ohrdruf errichtet und war bis 1960 in Betrieb. Da die Anlage damals bereits gebraucht aus dem Suhler Raum angekauft wurde, dürfte ihr tatsächliches Alter bedeutend höher liegen. Heute steht der Thobiashammer als Technisches Denkmal unter Denkmalschutz.

brikation benutzt wurden. Noch im selben Jahrhundert nahmen die ersten Walzwerke in Sachsen ihren Betrieb auf. Ihre Leistungsfähigkeit kann jedoch nur gering gewesen sein. Sie dienten anfangs vermutlich lediglich dem Glätten geschmiedeter Hammerbleche.

Im 17. Jahrhundert wurde zögernd mit dem Warmwalzen von Blechen begonnen. Man benutzte ein Walzgerüst, das über ein Getriebe von der Hammerwelle angetrieben wurde. Damit konnten die meist 65 bis 70 mm breiten und 15 bis 20 mm dicken Flacheisen von etwa 60 cm Länge auf die doppelte Länge und halbe Dicke ausgewalzt werden, bevor sie unter den Blechhammer kamen. Seit 1697 wurden in England bei R. Hanbury die ersten Weißbleche gewalzt. Von nun an entwickelte sich die englische Weißblechindustrie so rasch, daß die Einfuhr aus Sachsen ab 1740 immer stärker zurückgedrängt werden konnte. 1769 nahm H. W. Remy in seinem Eisenwerk auf dem Rasselstein bei Neuwied das erste Blechwalzwerk Deutschlands in Betrieb.

Erst gegen Ende des 19. Jahrhunderts war man in der Lage, Blechtafeln vollständig als Walzprodukte herzustellen. Diese reinen Walzbleche hatten gegenüber den gehämmerten ein gleichmäßiges Gefüge, zeigten eine vollkommen glatte Oberfläche bei gleichbleibender Dicke und forderten einen geringeren Fabrikationsverlust. Bereits die grobschlächtigen Walzwerke der 90er Jahre des 18. Jahrhunderts konnten den Tagesausstoß auf 8 bis 15 Tonnen Walzgut steigern, während die Tagesleistung eines Hammerwerkes mit einer Tonne angenommen wird. Die Walzwerke wurden, wie die Hämmer, mit Wasser angetrieben. 1792 setzte der Engländer John Wilkinson als erster eine Dampfmaschine ein. Leistungsfähigere Antriebsmaschinen, neue Lösungen in der Getriebetechnik, Hartguß und Fortschritte in der Metallbearbeitung ermöglichten immer größere Walzen und höhere Walzgeschwindigkeiten. Mit der zunehmenden Verbreitung der Walzwerke ab dem 17. Jahrhundert begann der eigentliche Aufschwung der Blechfabrikation.

Entwurf eines Walzwerks zum Prägen von Münzen nach G. Branca, 1692. Die Walzen werden hier durch eine Heißluftturbine angetrieben, deren Turbinenrad im Schornstein einer Schmiede sitzt.

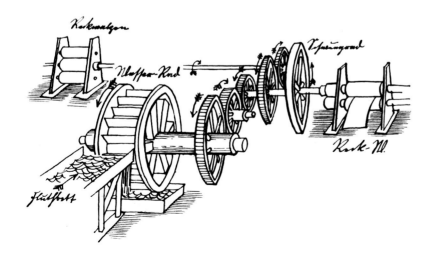

Skizze des Wasserradantriebs des Blechwalzwerks auf dem Rasselstein bei Neuwied.

Werkstatt eines Klempners, seine Werkzeuge und hauptsächlichen Erzeugnisse. Kolorierte Federlithographie von Schreiber, Esslingen, um 1835.

Das Handwerk des Klempners an der Schwelle des 19. Jahrhunderts

Die Idee der mittelalterlichen Zunft basierte auf der damaligen Form der Stadtgemeinschaft als autarkem, in sich geschlossenem Lebensraum. Der vom Grundherren abhängige Bauer außerhalb der Stadtmauern hatte keine Zunft. Sämtliche Rechte eines Bürgers wurden ihm von der Gemeinde verliehen und er hatte dem Gemeinwesen als Teil des Ganzen zu dienen. Die Stadt gab der Zunft das Recht bestimmte Tätigkeiten auszuführen und die jeweilige Zunft schenkte ihren Handwerkern das Meisterrecht. Nur wer Bürger einer Stadt war konnte auch Meister werden und erhielt die verbriefte Ehre ein Handwerk auszuführen. Die Zünfte waren der Einwohnerschaft verpflichtet die handwerkliche Versorgung der Stadt zu übernehmen. Der Gesetzgeber grenzte die einzelnen Gewerke innerhalb der Stadtmauern gegeneinander ab und schützte sie vor auswärtiger Konkurrenz. Damit wurde für regelmäßigen Unterhalt der Handwerker gesorgt, die als Gegenleistung einen hohen Standard ihrer Waren und die zünftige Ausbildung des Nachwuchses garantierten.

Dieses Wirtschaftssystem hatte Bestand, solange eine Stadt ein unabhängiger und geschlossener Kosmos war. Als die Stadtstaaten ab dem 16. Jahrhundert allmählich ihre Eigenständigkeit verloren, um Teil eines übergeordneten Staatsgefüges zu werden, war die Idee der Zünfte ihrer Grundlagen beraubt. Mit dem Wandel der städtischen Gewerbepolitik in eine staatliche fielen innerhalb eines Landes auch die Gewerbe- und Handelsschranken. Die Handwerker versuchten nun innerhalb der einzelnen Gewerke den Wettbewerb zu vermindern. Durch erschwerende Zunftvorschriften wollte man sich nach außen abschotten und begann die Bedingungen zur Erlangung des Meisterrechts zu erschweren. Die amtliche ‚Schließung' einer Zunft, das heißt die Festsetzung der Meisterzahl, wurde angestrebt. Die zu entrichtenden Aufnahmegebühren wurden rigoros vervielfacht. Die einfache ‚Weinspende' an einzelne Meister und Gesel-

Küchengerät aus der Klempnerwerkstatt.
Heimatmuseum Schwarzenberg.

len, entwickelte sich zum kostspieligen Mal mit Braten und Wein für deren gesamte Familien. Wollte ein Junge ein Handwerk erlernen, dann mußte nicht nur er selbst ‚ehelich gezeugt' sein, sondern auch seine Eltern und Großeltern einer Ehe entstammen. Als ‚unehrlich' galten fortan nicht allein jene, die selbst ein ‚unehrliches Gewerbe', wie etwa Bader, Zöllner, Totengräber, Metzger oder Abdecker ausgeübt hatten, sondern auch deren Kinder und Kindeskinder sowie solche, die mit ‚Unehrlichen' verwandt oder verschwägert waren. Handwerksunfähig war auch, wer einen Gehängten vom Galgen geschnitten, wer mit einem ‚Unehrlichen' gespeist oder getrunken oder einen Hund oder eine Katze getötet hatte. Es wurde sogar einem Gesellen das Meisterrecht verwehrt, weil er *„ein neben ihm in der Werkstatt tot gefallenes Kind"* aufgehoben hatte.

Als Richter und Gesetzgeber in eigener Sache hatten sich die städtischen Gewerke das generelle Monopol zur Herstellung von Handelsware selbst verordnet. Auf dem Land ansässige Handwerker wurden voller Verachtung als Pfuscher abgetan und waren von jeder rechtmäßigen Berufsausübung ausgeschlossen. Zünftige Gesellen, die es gewagt hatten, bei einem solchen ‚Pfuscher' Arbeit anzunehmen, wurden bestraft und aus der Zunft ausgestoßen. Lieferten ländliche Handwerker in die Stadt, konnten sie dafür belangt werden und es kam vor, daß die Obrigkeit auf Veranlassung der Zünfte ihr gesamtes Werkzeug konfiszierte. Selbst Kunden, die auf dem Land hatten arbeiten lassen, konnten deswegen bestraft werden.

Mittelalterliche Zunftlade. Die kunstvoll gearbeiteten Behältnisse waren die Reliquienschreine zünftiger Gemeinschaften. In der Lade wurden wichtige Urkunden wie Zunft- und Freiheitsbriefe und die Insignien der Zunft aufbewahrt. Das Öffnen der Lade durch den Obermeister erwirkte bei Zunftversammlungen ein sofortiges ehrfurchtsvolles Schweigen. Zunftversammlungen, Freisprechungen, Verhandlungen des Zunftgerichtes und andere wichtige Zeremonien wurden stets bei geöffneter Lade abgehalten.

Verschiedene Laternen, Klempnerarbeiten des 18. und 19. Jh..
Links: zusammenklappbare Reiselaterne aus Messingblech mit ausgesägtem Blattornament und Hornscheiben.
Mitte: Hängelaterne aus geschnittenem und getriebenem Schwarzblech.
Rechts: Handlaterne aus Messingblech mit gepunztem Ornament.

Mit selbstkreierten Vorschriften hatten es die Zünftler verstanden, sich möglichst viele Lehrlinge und Gesellen bei geringster Lohnzahlung, oft nur gegen Kost, zu sichern. Die Aufnahme eines Lehrlings in die Zunft war mit der Zahlung einer verhältnismäßig hohen Aufnahmegebühr an die Zunftkasse verbunden. Anfangs konnte diese auch aus Naturalien, wie Bier und Wachs, bestehen, später mußte der Eintritt als Geldbetrag bezahlt werden. In früherer Zeit mußte sich der Lehrjunge vor versammeltem Gewerk in feierlicher Form, bei geöffneter Zunftlade, mit Eid an die Zunftgesetze binden. Ein solcher Eid lautete z.B.: *„Ich will die Zunft hochhalten, ihre Meister ehren, von Sitten und Gebräuchen nichts abschneiden, nichts dazu tun, die Rechtsame des Meistertums schützen mit Herz und Hirn."*

Die Lehrzeit im Klempnerhandwerk dauerte in der Regel sechs Jahre, in seltenen Ausnahmefällen mindestens vier. Während seiner

Blick in die Berliner Parochialstraße, der Gasse der Klempner und Kupferschmiede. Gut zu erkennen auch die offene Gosse, die die Abwässer der anliegenden Häuser aufnahm. Gemälde von E. Gaertner, 1831.

Lehrzeit mußte der Lehrling im Haushalt des Meisters wohnen und gehörte zur Familie. Er unterstand in jeder Hinsicht der Autorität seines Meisters, der wiederum für die Ausbildung und Erziehung seiner Lehrlinge gegenüber dem Gewerk verantwortlich war. Die Mahnung an die zünftigen Meister, sie sollten mit einem Jungen nicht „grausam oder tyrannisch" verfahren, „ihn für einen Menschen und kein Vieh halten" läßt vermuten, daß sie ihr Züchtigungsrecht häufig mißbrauchten. Der Lehrling hatte morgens als erster in der Werkstatt zu erscheinen und mußte sie abends als letzter verlassen. Daneben hatte er der Meisterin für allgemeine Handreichungen im Haushalt zur Hand gehen. Nicht selten wurde er für die Tätigkeiten eines Kindermädchens oder einer Küchenmagd mißbraucht. Lehrlingslohn war Speise und Unterkunft. Wollte sich der Lehrling seinen Verpflichtungen durch weglaufen entziehen, hatte er mit strengster Bestrafung zu rechnen. Um einer solchen Flucht vorzubeugen, forderte z.B. die Berliner Klempnerinnung bei Antritt der Lehre die Hinterlegung einer Kautionssumme von 20 Talern. Nach Beendigung der Lehrzeit erfolgte - vor versammeltem Gewerk und geöffneter Zunftlade - die Lossprechung des Jungen und damit die Aufnahme in die Gesellschaft. Auch hier wurde der frisch gebackene Geselle wieder zur Kasse gebeten. Sechs Taler forderte die Zunftkasse, zwei Taler erhielten die Gesellen für ein zünftiges Trinkgelage. Darüber hinaus mußte der Freigesprochene sämtliche der Zunft samt Frauen und Kindern zum Schmaus laden. Im Falle eines freigesprochenen Berliner Buchbinders im Jahr 1603 handelte es sich hierbei um eine Speisefolge *von „drei Gerichten mit Butter und Käse und einer Tonne Bier"*. Von Seiten der Handwerksgesellen erwartete den ehemaligen Lehrling jetzt das ‚Gesellenmachen', das ursprünglich mit Reden und Sinnsprüchen den Eintritt in einen neuen Lebensabschnitt und das Mannesalter symbolisierte. Im 17. Jahrhundert hatte dieses ‚Schleifen', ‚Taufen' und ‚Hobeln' solche Formen angenommen, daß die hierbei vorkommenden schweren körperlichen Mißhandlungen, durch Edikte und unter Androhung hoher Strafen eingedämmt werden mußten.

Die bemalte Gießkanne war vielerorts das weithin sichtbare Aushängeschild einer Klempnerwerkstatt.

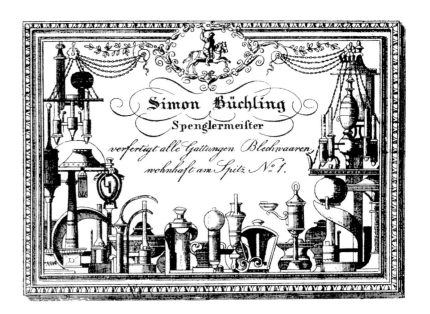

Inserat eines Wiener Spenglers mit der Abbildung seiner Produktpalette zu Beginn des 19. Jh..

Der Lehrzeit schloß sich eine mindestens zweijährige Wanderzeit an. Hierbei sollten sich die Gesellen in der Welt umsehen und möglichst viele Anregungen und neue Arbeitsmethoden kennenlernen und mit nach Hause bringen. Während seiner Wanderjahre fand der Zunftbruder bei Gesellenverbänden Unterstützung, die im 17. Jahrhundert bereits über das gesamte Gebiet des damaligen Reiches verbreitet waren. Christian Mengers, der in den Jahren 1860-1867 auf der Walz war, berichtete Anfang dieses Jahrhunderts über seine Wanderzeit: *„... In der Herberge, wo jedes Handwerk seinen Schild hatte, den jeder kennen und respektieren mußte, wurde der zugereiste Klempner ausgeschenkt, das heißt mit Bier und einem Imbiß gelabt. Der ortsanwesende Geselle rief beim Eintritt: „Fremde Klempner hier?" – „Zu dienen!" Dabei mußte der Fremde aufstehen und zwei Knöpfe seines Rockes von links nach rechts zumachen. Dann wurde nach Name und Herkunft gefragt. Am nächsten Morgen ward Umschau gehalten. Der Altgeselle teilte mit, wo Arbeit zu finden sei, erteilte auch Auskunft über Lage und Charakter des Meisters und empfahl den Geeigneten. In Halle a. d. Saale stund Mengers länger in Arbeit; der Lohn war nicht glänzend, noch galt die 14stündige Arbeits-*

zeit. Aber man wurde sogar intim, und als nach längerer Zeit geschieden werden mußte, schenkte man dem Gesellen ein ganzes Paket Butterbrot. Das Töchterchen schmückte seinen Wanderstab mit einem rotseidenen Band, auf das sie eigenhändig einen schönen Spruch geschrieben hatte und eine rote Rose wurde an der Schnur befestigt."

Nicht immer verlief der Aufenthalt eines Gesellen in der Fremde so harmonisch, wie der von Mengers in Halle. Neben den schönen Seiten des Wanderlebens hatte ein Geselle Kämpfe mit Landstreichern und Polizisten zu bestehen und mußte lernen mit Hunger, Frost, Ungeziefer und anderem fertig zu werden. Der fahrende Geselle der lange Zeit keine Arbeit finden konnte geriet leicht auf die schiefe Bahn, entwickelte sich leicht zum bummelnden Landstreicher, Bettler oder er wurde kriminell.

Hatte der Blechnergeselle auch diese Prüfungen endlich überstanden so konnte er zu Hause vor versammelten Gewerken vor die Zunftlade treten und seinen Wunsch, Meister zu werden, vorbringen. Spätestes hier erfuhr er, daß ihm noch weitere Prüfungen bevorstanden; denn so schrieb es die Zunftordnung vor.

Das Bestreben der Zünfte, die Zahl der Konkurrenten möglichst klein zu halten, hatte dazu geführt, daß einzelne Innungen an der einmal festgelegten Zahl an Meisterstellen festhielten und keine weiteren zuließen. Es handelte sich in einem solchen Fall um sogenannte ‚geschlossene' Zünfte. Um den Werkstätten die Arbeitskraft ihrer Gesellen möglichst lange zu sichern, mußten häufig noch sogenannte ‚Muthjahre', weitere Gesellenjahre, absolviert werden, bevor eine Meisterprüfung erfolgen konnte. Nur Meistersöhne waren von dieser Bestimmung ausgenommen, darüber hinaus wurden ihnen bei der Anfertigung der Meisterstücke große Erleichterungen gewährt. In Berlin mußten sie statt der üblichen drei (achteckige Blechlaterne, Wachsstocklaterne und zugespitzte Laterne), nur ein einziges Meisterstück, das einfachste, vorlegen. Diese Erleichterung betraf auch Gesellen, die mit der Tochter eines Meisters oder mit einer Meisterwitwe verlobt waren. Einfachen Gesellen war das Heiraten bis zum Inkrafttreten des Kaiserlichen Patents zur Abschaffung der Handwerksmißbräuche 1772 untersagt.

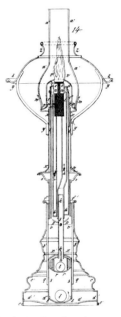

Schnitt durch eine Petroleumlampe. Abbildung aus der 'Zeitschrift für Klempner, Kupferschmiede, Lampenfabrikanten und Gasbeleuchtung', 1845.

Kaffeekanne. Arbeitsvorlage aus der 'Zeitschrift für Klempner, Kupferschmiede, Lampenfabrikanten und Gasbeleuchtung', 1845.

Mit der Wende des 18. zum 19. Jahrhundert begann mit James Watts Verbesserungen an der Dampfmaschine eine neue Epoche. Die neue Dampfkraft ermöglichte die technische Nutzung von bisher nicht für möglich gehaltenen Energien. Voller Enthusiasmus sollte ein Herr Mascher 1866 bemerken: *„Die Dampfmaschinen sind in der Gegenwart der Gradmesser der Industrie und des gesamten Kulturzustandes eines Landes. Die Ausbeute welche das Innere der Erde liefert, setzt den Menschen in den Stand, mit einem einzigen Zentner Kohlen soviel Kraft zu erzeugen, die der eines Pferdes gleichkommt, welches mit dem auf einem Morgen Fläche gewonnenen Hafer gefüttert worden ist. Die gehörige Würdigung dieser Kraft macht den Menschen zum Herrn der Natur. ..."*

Die komplexen Maschinen waren unter der engen Ordnung der überalterten deutschen Zunftgesetzgebung weder herzustellen noch anzuwenden. In Großbritannien dagegen setzte sich mit Hilfe der neuen Dampfkraft zunehmend die industrielle Fertigung mit Maschinenkraft durch. Auch die Maschinen selbst konnten durch die Nutzung der Dampfkraft, statt wie bisher aus Holz, aus Eisen gebaut werden. Damit wurden engere Fertigungstoleranzen und bessere Produktionsergebnisse möglich. Der zunehmende Ausbau der Verkehrsnetze durch neue Eisenbahnstrecken, Land- und Schiffahrtsstraßen ließ die Entfernungen für Schwer- und Massengüter schrumpfen. Eine Reise von Berlin nach Leipzig, wozu man einhundert Jahre zuvor noch eine ganze Woche gebraucht hatte, war dank der Schienen in vier Stunden zu bewältigen. In Großbritannien hatte mit der uneingeschränkten Nutzung technischer Neuerungen eine industrielle Revolution begonnen. In Deutschland dagegen wurden die mittelalterlichen Zunftgesetze so eng ausgelegt, daß sie jede technische und wirtschaftliche Weiterentwicklung behinderten.

Das Handwerk des Klempners stand zu dieser Zeit im öffentlichen Ansehen auf niedrigster Stufe. Der Arbeitsbereich des Weißblechners war auf die Herstellung einfachster Geräte für Haus und Küche sowie kleinere Blecharbeiten am Bau beschränkt. Schwarz- bzw. Weißblech und Blei waren noch immer die Materialien, mit denen der Blechner, gemäß Zunftvorschrift, arbeiten durfte. Hinzugekommen war während des 18. Jahrhunderts die silberähnliche Nikkellegierung Argentan oder Alpacca. Der Buchautor Schmidt-Weißenfels beschrieb Ende des 19. Jahrhunderts die Handwerkssituation des zünftigen Klempners wie folgt: *„Die Gürtler klagten, weil die Blecharbeiter ‚starkes Messing feilten und hartlöteten'. Die Schlosser, weil die Spengler ‚starkes Sturzblech und Stabeisen verschafften'. Die Maler, weil die Klempner 'anstrichen und lackierten'. Die Drechsler weil die Flaschner ‚drehten und drückten'. Die Bortenwickler, weil die Spengler ‚mit Dochten handelten', welche doch, wie wieder Stricker und Strumpfwirker sagten, nur durch sie verkauft werden durften. Die Glaser jammerten, weil die Blechner ‚Lampengläser' verkauften. Die Kupferschmiede – noch 1854 - , daß die Spengler ‚verbleites Eisenblech verarbeiteten und die Nähte mit Kupfernieten nieteten und sich sogar erfrechten, Kupferblechwaren zu machen'. Die Silberschmiede klagten, daß ein Klempner sich ‚zum versilbern und Vergolden aller Metalle' anbot."* Die Klempner verklagten sich jedoch auch untereinander und verfolgten jeden, der aus einem anderen Zunftbezirk oder gar aus einem anderen deutschen Kleinstaat kommend, in ihren Bezirk eindrang und hier irgendeine Tätigkeit ausübte oder eine Bestellung annahm. Es soll in solchen Fällen zu regelrechten Hetzjagden unter den Zunftkollegen gekommen sein, bei denen der begleitende Gendarm den Fliehenden Kugeln nachgesandt hatte. Nord- und süddeutsche Kollegen standen sich wie feindliche Brüder gegenüber. Hatte ein süddeutscher Meister einen norddeutschen Gesellen beschäftigt und kam ein süddeutscher Klempner zugereist und fragte um Arbeit, so mußte der norddeutsche Klempner auf der Stelle entlassen werden. Eine Weigerung dagegen hatte einen Polizeieinsatz zur Folge und wurde als ‚Widersetzlichkeit gegen die Zunftgesetze' geahndet.

Zur besseren Unterscheidung war den Klempnern das Tragen, eines braunen Kleides ohne Tressen vorgeschrieben. War ein Meister per herzoglichem Dekret zum Hofspengler ernannt, schrieb ihm die Kleiderordnung *„ein braunes Kleid mit fingerlangen, fingerbreiten Silbertressen am Kragen, einen schwarzen Hut mit Kokarde der Hofdiener und schmaler Silberborte, weiße oder schwarze Weste, schwarze Hosen, weiße oder schwarze Strümpfe, Schuhe mit kleinen Silberschnallen und einen kurzen Degen tragen zu dürfen"*, vor.

Blechschatulle. Meisterstück des Dresdner Meisters Friedrich Lange, geöffnet und geschlossen abgebildet. Mitte 19. Jh..

Angesichts der allgemeinen wirtschaftlichen Entwicklung erwiesen sich die ursprünglich für überschaubare Stadtstaaten geschaffenen Zunftgesetze als nicht mehr zeitgemäß; im Gegenteil sie verhinderten jede Neuerung.

Am 27. Oktober 1806 zogen französische Truppen, an der Spitze Napoleon Bonaparte, durch das Brandenburger Tor nach Berlin ein. Für die Stadt begann eine sechseinhalbjährige, entbehrungsreiche Besatzungszeit. Durch Truppeneinquartierungen werden der Bevölkerung enorme Lasten aufgelegt. 10.000 Berliner verließen in den kommenden Jahren die Stadt. Nach dem Sieg der Franzosen mußte der Staat – wollte er wieder zu Kräften kommen – von Grund auf reformiert werden. Am 19. November 1808 trat die vom leitenden preußischen Minister Reichsfreiherr Karl vom und zum Stein und seinen Mitarbeitern ausgearbeitete neue preußische Städteordnung in Kraft. Um das Mitverantwortungsgefühl der Bürger zu wecken, erhielten diese mehr Rechte. Bürger war allerdings nicht jedermann: Bürgerrecht besaßen lediglich die Einwohner der Stadt, die entweder ein Gewerbe betrieben, ein Grundstück besaßen oder über ein gewisses Mindesteinkommen verfügten. Um der Wirtschaft mehr Spielraum zu verschaffen, mußten auch die alten Zunftgesetze entschärft werden. Ziel war es, *„daß künftig alles entfernt werden solle, was den Einzelnen bisher gehindert hatte, den Wohlstand zu erwerben, den er nach dem Maße seiner Kräfte zu erreichen fähig gewesen"*. Nachdem am 24. Oktober 1808 das Verkaufsmonopol der Bäcker-, Schlächter- und Hökergewerbe aufgehoben worden war, folgte am 2. November 1810 das Edikt des Preußischen Königs über die Einführung einer allgemeinen Gewerbesteuer worin es unter anderem hieß:

„In dem Edikt über die Finanzverwaltung vom 27. v. M. haben Wir Unseren getreuen Unterthanen die Nothwendigkeit eröffnet, in der wir Uns befinden, auf eine Vermehrung der Staatseinnahmen zu denken. Unter den Mitteln zu diesem Zweck hat Uns die Einführung einer allgemeinen Gewerbesteuer für Unsere getreuen Unterthanen weniger lästig geschienen, besonders da wir damit die Befreiung der Gewerbe von ihren drückendsten Fesseln verbinden, Unseren Unterthanen die ihnen beim Anfange der Reorganisation des Staats zugesi-

Petroleum-Deckenlampe. Arbeitsvorlage aus der 'Zeitschrift für Klempner, Kupferschmiede, Lampenfabrikanten und Gasbeleuchtung', 1845.

cherte vollkommene Gewerbe-Freiheit gewähren und das Gesamtwohl derselben auf eine wirksame Weise befördern können.

§1. Ein jeder, welcher in unseren Staaten, es sei in den Städten, oder auf dem platten Lande, sein bisheriges Gewerbe, es bestehe in Handel, Fabriken, Handwerken, es gründe sich auf eine Wissenschaft oder Kunst, fortsetzen oder ein neues unternehmen will, ist verpflichtet, einen Gewerbeschein darüber zu lösen und die in dem beigefügten Tarif A angesetzte Steuer zu zahlen. Das schon erlangte Meisterrecht, der Besitz einer Conzession befreien nicht von dieser Verbindlichkeit.

§ 2. Der Gewerbeschein giebt demjenigen, auf dessen Namen er ausgestellt ist, die Befugnis, ein Gewerbe fortzusetzen oder ein neues anzufangen. Eins und das andere, ohne Gewerbeschein, ist strafbar, und wer sich dessen schuldig macht, verfällt in eine Geldstrafe, welche dem sechsfachen Werthe der von ihm jährlich zu bezahlenden Steuer gleich ist.

§ 3. Auch Ausländer, welche Geschäfte in Unseren Landen persönlich betreiben, müssen einen Gewerbeschein nach der Beschaffenheit ihres Gewerbes lösen. ..."

In den folgenden Paragraphen wurden die Ausführungsbestimmungen für das Edikt sowie die von der Gewerbefreiheit ausgenommene Berufe festgesetzt. Hierzu wurde in § 21 besonders verfügt: "Zu Gewerben, bei deren ungeschicktem Betriebe gemeine Gefahr obwaltet, oder welche eine öffentliche Beglaubigung oder Unbescholtenheit erfordern, können nur dann Gewerbescheine erteilt werden, wenn die Nachsuchenden zuvor den Besitz der erforderlichen Eigenschaften nachweisen können."

Zu solchen Handwerken zählte das Edikt Juweliere, Maurer, Mühlenbauer, Schornsteinfeger, Verfertiger chirurgischer Instrumente und Zimmerleute. Mit dem Edikt war den Zünften jegliche Einflußnahme auf die Betriebe genommen. In den zusätzlich erlassenen Polizeivorschriften hieß es ausdrücklich:

"6. Wer bisher nicht zünftig war, kann unter Beachtung der Vorschriften § 1-5 auf Grund seines Gewerbescheins jedes Gewerbe treiben, ohne deshalb genöthigt zu seyn, irgendeiner Zunft beizutreten.

Vogelbauer. Gesellenstück eines Berliner Klempners aus dem Jahre 1836.

Trachten Nürnberger Handwerker. Links ein Spengler in seiner prächtigen, feuerroten Berufskleidung. Rechts zwei Nürnberger Flaschner. In der Mitte der Meister, rechts ein Flaschnergeselle mit den Waren seines Berufes auf der Schulter.

7. *Er ist demohnerachtet auch berechtigt, Lehrlinge und Gehilfen anzunehmen."*

Fortan galt für Klempner wie für alle übrigen Metallberufe ein und derselbe Gewerbeschein:

„77. Huf- und Waffenschmiede, Zeug-, Zirkel-, Sägen-, Bohr- und Messerschmiede, Schlosser, Sporer, Windemacher, Büchsenschmiede, Feilenhauer, Gürtler, Schwerdfeger, Weiß- und Schwarznagelschmiede, Zweckenschmiede, Kupferschmiede und Klempner, erhalten einerlei Schmiedegewerbschein, und können darauf alles das verfertigen, was bisher jedes dieser Gewerke nur besonders machen durfte." Daneben hieß es: *„79. Jedermann kann so vielerlei Gewerbescheine lösen und so vielerlei Gewerbe gleichzeitig neben einader treiben, als er selbst will."*

Mit der Einführung der Gewerbefreiheit waren erstmals die über Jahrhunderte versteinerten zünftigen Gewerbebeschränkungen beseitigt. Die einstmals allmächtigen Zünfte waren ihrer Macht beraubt, der Zunftzwang aufgehoben. Die strenge wirtschaftliche Trennung von Stadt und Land war aufgelöst und die Landbevölkerung aus ihrer wirtschaftlichen Abhängigkeit von der Stadt befreit. Der Handwerker auf dem Lande war nicht weniger wert als der Stadthandwerker. Zukünftig galten einzig und allein die Grundsätze der freien Konkurrenz. Der aufkeimenden Industrie mit ihren Mischgewerken waren damit alle Türen geöffnet. Private Initiativen und das Kapital waren aufgefordert, sich in Preußen frei zu entfalten. Die Volkswirtschaft des Landes sollte durch eine neu entstehende Industrie möglichst rasch an das wirtschaftliche Niveau der übrigen westeuropäischen Staaten herangeführt werden. Für die traditionellen Berufsgruppen begann jedoch ein vernichtender Verdrängungswettbewerb.

Die Innungen als freiwillige Vereinigungen der Handwerker, die durch gegenseitigen Vertrag am bisherigen Rahmen festhalten wollten, durften weiterhin bestehen. Sie gerieten jedoch in Konflikt mit den sogenannten 'Patentmeistern', Gewerbetreibenden, die ihre Berufsberechtigung lediglich auf ihrem Gewerbeschein gründeten. Der Titel Meister hatte jede Bedeutung verloren. Als sich 1822 ein gelernter Meister beim Magistrat darüber beschwerte, daß sich die

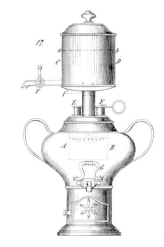

Flüssigkeit fassende Haushaltsgefäße wie Kaffee- und Teemaschinen galten als eine Spezialität des Klempnerhandwerks. Aus der 'Zeitschrift für Klempner, Kupferschmiede, Lampenfabrikanten und Gasbeleuchtung', 1845.

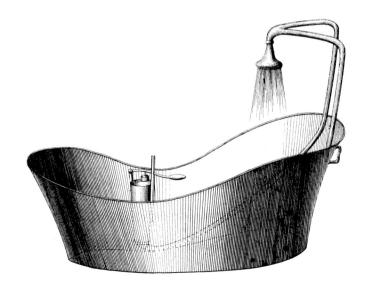

Darstellung einer Badewanne, aus der 'Zeitschrift für Klempner, Kupferschmiede, Lampenfabrikanten und Gasbeleuchtung', 1845.

Diesem Amboß vergleich' ich das Land, den Hammer dem Herrscher
Und dem Volke das Blech, das in der Mitte sich krümmt.
Wehe dem armen Blech, wenn nur willkürliche Schläge
Ungewiß treffen und nie fertig der Kessel erscheint.
Goethe.

Darstellung eines Klempners in seiner Werkstatt, 1874.

Patentierten mit größter Selbsverständlichkeit des Meistertitels bemächtigten, konnte der Magistrat nur dazu raten sich durch die Bezeichnung 'zünftiger Meister' von den Patentinhabern zu unterscheiden.

Verheiratete Gesellen, die keine Hoffnung auf eine eigene Existenzgründung hatten sowie Meister, die der allgegenwärtigen Konkurrenz nicht gewachsen waren, verdingten sich fortan als Arbeiter in der entstehenden Blechwarenindustrie. Angehörige des Klempnerberufs waren hier stets begehrte Leute. Sie konnten mit Eisenblech, Zink, Zinn, Blei, Tombak und Messing ebenso geschickt umgehen wie mit Edelmetallen. *„In jeder Fabrik nimmt man unsere Leute gern,"* bemerkte hierzu im 19. Jahrhundert nicht ohne Stolz ein Vertreter der Berliner Innung. Der Beruf des Fabrikklempners entstand. Die wachsende Industrie, die gelernte Handwerker sehr schätzte, bildete jedoch selbst keine aus. Dies wurde gerne den kleinen Werkstätten überlassen.

Überregional operierende Unternehmen waren in der Lage ihre Massenprodukte mit großem Werbeeinsatz bei niedrigsten Preisen auf den Markt zu werfen. In größeren Ansiedlungen entstanden Warenhäuser, die industriegefertigte Artikel in einer solchen Qualität anboten, die der Handwerker vor Ort selbst bei bestem Willen so billig nicht erbringen konnte. Unter diesen Umständen wurde es für ihn immer schwieriger seinen Betrieb aufrecht zu erhalten. Dem kleinen, handwerklich tätigen Blechner blieb oft nur noch der Verkauf fabrikgefertigter Produkte. Viele Handwerker fristeten fortan als Kesselflicker und Blechkrämer ein sehr bescheidenes Dasein.

Lebrún schrieb in seinem 1835 erschienenen 'Handbuch für Klempner und Lampenverfertiger' bezüglich der kleinen Werkstätten: *"Spielgeräte sind in größeren Städten oft die einzige Beschäftigung eines Klempners mit seinen Gehilfen."* Ein wenig Aufschwung brachte der zunehmende Kaffeeimport. Kaffee- und Teemaschinen sollten bald neben Lampen aller Art zur Haupteinnahmequelle des Berufes werden.

Puppenküche aus dem Erzgebirge, um 1900. Ofenröhre und Blechgeschirr sind Klempnerarbeiten.

Zinkblech eröffnet neue Aufgabengebiete auf der Baustelle

In Zinkblech gearbeitete Fensterverkleidung. Klempnerarbeit um 1890.

Hüttenleute hatten sich seit der Antike intensiv mit dem Zinkerz Galmei befaßt und es zur Herstellung von Messing verwendet. Trotzdem gab das Material den Gelehrten Rätsel auf. Albertus Magnus (1193-1280) beschrieb es als ein Mineral, das sich im Feuer verflüchtigt. Schmelzern war bei der Verwendung von Galmei ein weißlicher Rauch bekannt, der sich im Ofen niederschlug. Den Rauch umschrieben sie poetisch als 'philosophische Wolle' oder auch als 'weißes Nichts'. Der Niederschlag war unter der Bezeichnung Ofengalmei bekannt. Der Erfurter Mönch Basilius Valentius gebrauchte 1420 für diese Aussonderungen als erster das Wort Zink. Der aus dem schwäbischen stammende Arzt und Wissenschaftler Paracelsus (1493-1541) untersuchte hundert Jahre später einen ihm aus Kärnten zugesandten Stoff, der dort als ‚Zinken' bekannt war. Der Gelehrte kam zu dem Ergebnis, daß es sich hierbei nicht um richtiges Metall, sondern lediglich um einen Bestandteil davon handelte. Auch der Vater der Bergbauwissenschaften, der aus Sachsen stammende Georgius Agricola, hatte sich intensiv mit dem hellen Ansatz in den Schmelzöfen beschäftigt. Er nannte den metallischen Niederschlag, den man im Harz zur Herstellung von goldähnlichem Messing benutzte ‚Conterfey'. In Goslar kam Löhneys 1617 zu der Ansicht, daß die Zinkabsonderung als Metall alleine nicht zu gebrauchen sei. Obwohl man es seit Jahrhunderten als Beimengung zur Herstellung von Messing verwendete, wußte man nicht, daß es das Zinkerz war, das dem Messing seinen goldgelben Glanz verlieh. Erst der Arzt und Chemiker Rudolf Glauber, der sonst medizinische Geheimmittel mixte, kam 1657 dem Geheimnis des Zinks auf die Spur. Der Erfinder des Glaubersalzes vermutete, daß Galmeigestein kein Gelb erzeugendes Färbemittel sei, sondern eine metallische Substanz enthielt, die eine Messinglegierung erst ermöglichte. Der Chemiker Stahl stellte 1718 als erster die Theorie auf, daß sich bei der

Decken eines Mansardendaches mit Zinkblech.

Messingherstellung Zink aus Galmei metallisch reduziert und anschließend mit dem Kupfer eine Verbindung eingeht.

Während portugiesische und holländische Kaufleute bereits seit dem Mittelalter mit Zink aus Ostindien und China regen Handel trieben, sollte es in Europa bis 1713 dauern, bis der Alchimist Johann Kunkel das metallische Zink im Galmei nachweisen konnte. 1730 führte in England Isaac Lawson zum ersten Mal experimentell eine Zinkgewinnung durch. Dreizehn Jahre später gründete der Brite John Champion in Bristol die erste Zinkhütte Europas, nachdem er 1739 das Patent auf die Zinkdestillation erhalten hatte.

Was den Hüttenleuten so lange Rätsel aufgegeben hatte, war die Tatsache, daß Zink bereits bei 907°C, also unter der damaligen Verhüttungstemperatur, die üblicherweise bei 1.000°C lag, verdampfte und beim Kontakt mit Luft zu Zinkoxyd verbrannte. Um Zink zu gewinnen war es also notwendig, die beim Rösten des Galmeis entstehenden Dämpfe einzufangen und zu kondensieren. Schützte man sie hierbei vor dem Kontakt mit Luft, schlugen sich die Dämpfe als metallisches Zink nieder. Die Entdeckung eines brauchbaren Verfahrens zur industriellen Produktion von Zink wird sowohl dem Abbé Daniel Dony in Lüttich als auch Johann Christian Ruberg in Schlesien zugesprochen.

Abbé Dony errichtete 1807 in St. Leonhard bei Lüttich zunächst eine kleine Hütte; ihr sollte sehr bald eine größere mit acht Destillationsöfen folgen. Donys Verfahren wurde bald auch im Aachener Raum bekannt, wo damals in Manufakturen Messingartikel für den Export hergestellt wurden. Man erkannte hier sehr schnell, wie wichtig die Zinkherstellung für die eigene Produktion war. In Reiseberichten wurde bereits im Jahr 1808 von einer Zinkhütte in der Nähe von Aachen berichtet. Die erste urkundlich nachweisbare Hütte, die mit Hilfe der Destillationsmethode des Abbé Dony Zink gewann, nahm 1819 in Stolberg bei Aachen ihre Produktion auf.

In Schlesien hatte der Betriebsleiter der fürstlich Plessischen Glashütte, Christian Ruberg, ein verbessertes Verflüchtigungsverfahren zur Zinkgewinnung gefunden. Er gewann das Zink durch Reduk-

Belgischer Retortenofen zur Zinkgewinnung, wie er auch im Raum Aachen verwendet wurde.

tion und Destillation in langen tönernen Muffelkästen, die er im Ofen von außen beheizte. Der erste, für eine Zinkgewinnung nach der „schlesischen Methode" gebaute, Zinkofen entstand 1798 in der Glashütte. Ruberg sollte der Begründer der oberschlesischen Zinkindustrie werden. Bereits fünfzig Jahre nach seinen ersten Versuchen produzierten in Schlesien vierundsechzig Hütten, mit einem jährlichen Ausstoß von 40.000 Tonnen Zink. Günstig hierbei hatte sich ausgewirkt, daß sich mit Beginn der Steinkohlenfeuerung die bis dahin hohen Brennstoffkosten drastisch senken ließen.

Außer zur Messingherstellung galt reines Zink als ein für andere Zwecke unbrauchbares, weil sprödes, ungeschmeidiges Metall, das weder gehämmert noch gewalzt werden konnte. Es ließ sich schlecht biegen und war kaum zu feilen. Das Interesse an dem widerspenstigen Metall erwachte erst, als der italienische Physiker Volta 1793 die einzigartigen elektrischen Eigenschaften des Zinks zur Spannungserzeugung erkannte. 1802 schufen die Chemiker Hellwig, Tihavsky und Leyteny in Wien die galvanische Zink-Kohle-Batterie, die Zink als positives Element verwendete.

Ein regelrechter Run auf Zink begann, nachdem die Engländer Hobson und Sylvester 1805 entdeckt hatten, daß Zink, auf 100°C

Muffel aus feuerfestem Ton. Nach der schlesischen Methode wurde in solchen irdenen Behältnissen durch Rösten des Galmeierzes Zink gewonnen.

Den schlesischen Zinkofen hatte Christian Ruberg, inspiriert durch die Glasöfen jener Zeit, entwickelt.

In der Königlichen Eisengießerei zu Berlin wurde 1810 auf Geheiß der preußischen Regierung ein industrielles Verfahren zur Herstellung von Zinkblech entwickelt.

bis 150 °C erhitzt, sein kristallines Gefüge und damit seine typische Sprödigkeit verliert und sich zu sehr dünnen Blechen auswalzen läßt. In der Folge entstand in Cornwall eine umfangreiche Zinkindustrie. Der Preis für einen Zentner Zink schnellte innerhalb kürzester Zeit von 5 auf 42 Gulden empor.

Bei uns auf dem Kontinent warteten in Oberschlesien und nahe der belgischen Grenze umfangreiche Zinkvorkommen auf ihre Nutzung. Beide Abbauregionen befanden sich auf preußischem Gebiet. So war es naheliegend, daß die Königliche Eisengießerei zu Berlin 1810 von der Behörde den Auftrag erhielt „Versuche über jede irgend mögliche Verwendung des Zinks zu machen". Im Verlauf dieser Untersuchungen entwickelte man ein industrielles Verfahren Walzbleche aus Zink herzustellen. Erste Versuche, dieses Blech zur Dachdeckung zu nutzen, wurden 1813 auf den Gebäuden der Königlichen Eisengießerei durchgeführt. Angesichts der leeren Staatskassen, im Anschluß an die französische Besatzungszeit, kam den Behörden das preiswerte Material aus eigenen Vorkommen zum Dekken der Dächer öffentlicher Neubauten und zur Instandsetzung staatlicher Gebäude gerade recht. 1814 wurde in Berlin das königliche Schloß und ab 1816 alle größeren öffentlichen Bauwerke an Stelle von Kupfer mit Zinkblech gedeckt.

In den ersten Jahren fielen die Blechtafeln dermaßen mangelhaft aus, daß 25% des Materials auf Grund sichtbarer oder fertigungstechnischer Mängel ausgesondert werden mußte. Darüber hinaus machte die Sprödigkeit des Zinks bei der Verarbeitung größte Schwierigkeiten. Damit die Tafeln nicht brachen, mußten sie heiß gekantet werden. Erst ab 1836 hatte man die Herstellung so weit im Griff, daß das Material fehlerfrei und biegsam geliefert werden konnte. Es sollten jedoch noch Jahre vergehen, bis sich auch der Handwerker auf die besonderen Eigenschaften des Zinkblechs eingestellt hatte. Viele Jahre hatte man Schwierigkeiten die ausgeprägten Dehnungseigenschaften des Materials bei wechselnden Temperaturen richtig einzuschätzen. Neue Verlegemethoden mußten gefunden

Das Dach der Berliner Börse wurde nach dem Berliner Schloß von Friedrich Peters als eines der ersten öffentlichen Gebäude mit Zinkblech gedeckt.

Die von dem Berliner Architekten Strack entworfene und gebaute Petrikirche erhielt als erstes Gebäude ein Dach aus getriebenen Zinkblechen. In jede Tafel hatte Peters von Hand großflächige Blumenornamente getrieben.

werden. Hatte der Handwerker die besonderen Materialeigenschaften verinnerlicht, erwies sich die witterungsbeständige Substanz als preiswerte Alternative zum Kupfer. Bekannte Architekten wie Friedrich August Stüler, Johann Heinrich Strack oder auch der preußische Oberbaurat Karl Friedrich Schinkel erkannten die gestalterischen Möglichkeiten, die der neue Baustoff bot, und nahmen sich des mattgrauen Blechs aktiv an. Die Flachdacharchitektur des Klassizismus wäre ohne die Anwendung des preiswerten Zinkdachs kaum denkbar gewesen.

Die universellen Verwendungsmöglichkeiten des Zinkblechs eröffneten dem Klempner vollkommen neue Arbeitsbereiche. Erstmals konnte der Weißblechner, im Hinblick auf die Haltbarkeit des Materials, mit dem Kupferschmied gleichziehen, diesen sogar durch günstigere Preise übertreffen. Einer, der die Chancen des Zinks sehr früh erkannte, war der Berliner Blechner Friedrich Peters. Bereits als Lehrling hatte er lernen müssen, daß sein Handwerk zur damaligen Zeit nicht über kunstloses Blechverarbeiten für einen Hungerlohn hinaus ging. Um mehr erreichen zu können, nahm er an seinen freien Abenden bei einem betagten Lehrer Unterricht in Mathematik und Geometrie. Mit solchem Wissen ausgestattet, zählte er in der damaligen Zeit zu den seltenen Ausnahmen im Handwerk. Nach vierjähriger Wanderschaft, die ihn über Frankfurt, Straßburg und München durch ganz Deutschland führte, lernte er - wieder nach Berlin zurückgekehrt - im Hause seines Meisters seine zukünftige Frau kennen. Sie stammte aus einer bekannten Berliner Humanisten- und Professorenfamilie und führte Peters in Kreise ein, die Blechnern damals sonst verschlossen blieben. 1826 gründete er als Meister und Bürger Berlins einen eigenen Hausstand. Als sichtbares Zeichen seines Handwerks hängte er eine grün bemalte Gießkanne und andere Blechnerartikel zur Straße hin in die Fenster. Seine Frau mußte als geschickte Goldstickerin mit zum Lebensunterhalt beitragen. Peters versäumte keinen Jahr- oder Weihnachtsmarkt, um dort seine Blechwaren, Haushaltsgeräte und Blechspielzeuge feil zu bieten. Doch wer verlangte damals handwerklich gearbeitetes Küchengerät? Die Industrie bot bereits die schönsten Blechprodukte, fein lackiert und zu billigsten Preisen an.

Rautenförmige, geprägte Schuppen und ornamentierte Tafeln aus Zinkblech bedecken die Kuppel des 'Grand magasins du printemps' zu Paris.

Synagoge in der Oranienburger Straße. Die Bleche für die Kuppel des jüdischen Gebetshauses wurden von Friedrich Peters mit Hilfe eines eigens hierfür entwickelten Verfahrens gefertigt.

Im Gegensatz zu seinen Innungskollegen, die alles Neue und Moderne verdammten, war Friedrich Peters fasziniert von dem neuen Zinkblech. Erstmals stand dem Beruf ein typisches Klempnerblech zu Verfügung, das sich wie Kupfer treiben ließ und wetterfest war. Auf der ersten preußischen Gewerbeausstellung, die 1845 in Berlin stattfand, stellte Peters in Zink getriebene Ornamente, Vasen und eine Konsole aus. Während seine Kollegen die Stücke eher mit Skepsis betrachteten, fanden sie bei Bauleuten und Architekten große Beachtung. Der preußische König fand bei einem Besuch lobende Worte für Peters Werke aus preußischem Metall, und die Preiskommission verlieh ihm anerkennend eine Medaille. Der Berliner Architekt und Baumeister Strack beauftragte Peters daraufhin mit der Aufgabe, die 34 m hohe Turmspitze, der im Bau befindlichen Petrikirche, in Zink auszuführen und damit ein Zeichen für die Anwendung des neuen Materials zu setzen. Jedes einzelne Feld sollte eine in Blech getriebene Rosette zeigen, eine mächtige Kreuzblume sollte die Krönung darstellen. Als der Turm errichtet war, und sich die Sonne in dem neuen Material matt spiegelte, verstummten Neid und Zweifel der konservativen Handwerker. Peters war ein bekannter Mann, und das Zinkblech hatte einen ersten Platz unter den von Klempnern am Bau verwendeten Materialien erhalten. Neben den üblichen Dachdeckungen schuf Peters die gewölbte Kuppel der Berliner Synagoge, mit einem eigens hierfür entwickelten Verfahren, und das Dach der Berliner Börse; Meisterwerke, die ihm die goldene Staatsmedaille für gewerbliche Leistungen eintrugen. Gegen alle Widersprüche, die Zink als Ersatz für Kupfer und Bronze in der Baugestaltung hervorrief, nutzte Peters das Material erstmals auch für reich verzierte Fassadenteile: für Säulen im Stil der Hochrenaissance mit ornamental gestalteten Sockeln, für pompöse Balkonbrüstungen, die auf aufwendig gestalteten Konsolen ruhten, für schmückende Vasen und getriebene Arbeiten aller Art.

Sich der Bedeutung des Unterrichts für seinen eigenen Werdegang bewußt, gab Peters schon auf dem Höhepunkt seines Erfolges jungen Klempnermeistern am Sonntagvormittag Unterricht in Mathematik und Fachzeichnen. Seine Werkstatt stand Kollegen jederzeit für Ratschläge offen. Er wirkte in zahlreichen städtischen

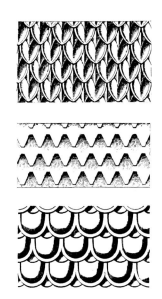

Für sichtbare Dachflächen wurden vielfach Schuppensysteme aus geprägten und gestanzten Blechen entwickelt. Oben: verschiedene Schuppenformen der Stolberger Zinkhütte. Unten: deren Anbringung an einem Mansardendach.

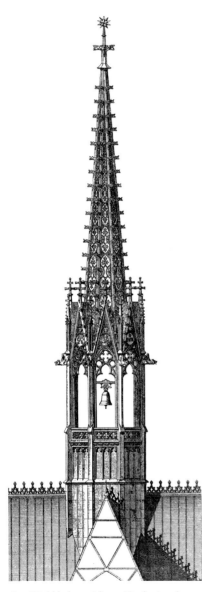

Aus Zinkblech getriebener Dachreiter des Kölner Doms, um 1860. Der ornamentale Firststreifen wurde aus Zink gegossen, die Dachflächen mit Werkzeugen aus Gußeisen gestanzt.

Ehrenämtern, und innerhalb seiner Innung war er Initiator vieler Neuerungen. Er gründete eine Sterbekasse für Handwerker und eröffnete für Lehrlinge eine Zeichenschule, für die er einen kompetenten Lehrer engagierte. Als er 1879 starb, hatte Peters nicht nur dem Zinkblech in der Architektur zu Ansehen verholfen, sondern auch dem Klempnerberuf neue künstlerische Inhalte vermittelt. Kunstvoll verlegte Dachverkleidungen auf Türmchen, Erkern und Gauben, Regenrinnen, Ablaufrohre, Blechsimse und Friese für öffentliche wie private Gebäude bedeuteten für den Architektur- oder Bauklempner ab der zweiten Hälfte des vorigen Jahrhunderts eine sichere Einnahmequelle im Baugewerbe. Viele Klempner besaßen in ihrer Werkstatt auch einen Ofen und Gießformen zum Schmelzen von Zinn, um damit Bauornamente und Fassadenverzierungen zu gießen. Im privaten Haushalt wurde Zinkblech vielfach für Waschbecken und Badewannen verwendet.

Größere Flächen aus reinem Zinkblech hatten die unangenehme Eigenschaft sich ungleichmäßig auszudehnen und zu wellen. 1742 hatte der Franzose Malouin entdeckt, daß sich Eisenblech durch einen Zinküberzug dauerhaft vor Rost schützen ließ. 1786 stellte der Brite William Watson erstmals ein Verfahren zum Verzinken von Eisen vor. Die zu verzinkenden Teile mußten hierbei, wie beim Verzinnen, zuerst blank gescheuert und anschließend in einer verdünnten Säure entfettet werden. Darauf wurden sie in einer Salmiaklösung vorbehandelt, um zuletzt in ein stark erhitztes Zinkbad getaucht zu werden. Die Salmiakbehandlung sorgte hierbei für einen innigen Kontakt zwischen Eisen und Zink. Das so bearbeitete Eisen glich dem Weißblech, nur daß sich der Zinküberzug als weitaus witterungsbeständiger erwies als der aus Zinn.

1836 versuchte man in Paris zur Dachdeckung verzinktes Eisenblech einzuführen. Es war nach einem Verfahren hergestellt, das der Franzose Sorel zuvor entwickelt hatte und das er erstmals ‚Galvanisierung' nannte. Mit dem verzinkten Blech hatte der Klempner ein Material erhalten, das ihn bei Architekten und Bauherren beliebt machte: Es war dauerhaft und zugleich äußerst preisgünstig. Für allgemeine Blechnerarbeiten am Bau sollte der Beruf bald unentbehrlich werden.

Wetterseitig zeigten sich die Zinkblechdeckungen weitgehend resistent gegen Verwitterung. Herrschten jedoch beidseitig unterschiedliche Temperaturen, so bildete sich auf der Innenseite leicht Kondenswasser. Dort wo Zink das darunterliegende Holz berührte, zerstörte die Feuchtigkeit das Metall und die Holzunterlage begann zu faulen. Diesem Mangel sollte das 1828 von dem Londoner Baumeister Richard Walker patentierte Wellblech abhelfen. Bei beidseitiger Auflage besitzt Wellblech eine mehr als hundertfach höhere Biegefestigkeit als glatte Tafeln gleicher Materialstärke. Selbst bei geschlossenem Schalungsunterbau läßt es eine ausreichende Luftzirkulation zu, die Kondenswasserbildung verhindert. Walker bog die Wellen in seiner Fabrik anfangs noch einzeln von Hand. 1844 verbilligte John Spencer das Verfahren, indem er für diese Arbeit ein Profilwalzwerk verwendete, mit dem er ganze Tafeln in einem Arbeitsgang formen konnte.

Verzinktes Wellblech wurde 1851 zum ersten Mal als 'patentiertes wellenförmiges Eisenblech' nach Deutschland eingeführt und in Berlin von Klempnern zur Deckung des königlichen Mühlen- und Speichergebäudes benutzt. Seitdem hat es in der Industriearchitektur seinen festen Platz gefunden.

Gewölbtes Wellblechdach aus verzinkten Blechen, 1899. Die hier gezeigte Bauweise wurde um die Jahrhundertwende gerne für die Bedachung von Bahnhöfen verwendet.

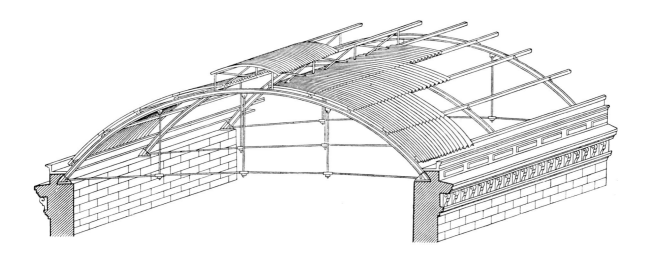

Amerikanische Blechner rationalisieren das Handwerk

Lackierte Blechwaren stehen heute in den Vereinigten Staaten für amerikanische Siedlerkultur.
Oben: Kaffeekanne, hergestellt 1800-1850 im US-Staat Pennsylvania.
Unten: Lackiertes Blechtablett, hergestellt in Großbritannien, für den amerikanischen Markt.

Mit der Besiedlung des amerikanischen Kontinents durch Europäer entstand in Nordamerika ein immenser Bedarf an Weißblechwaren. Meist mittellos und nur mit dem Nötigsten versehen, erreichten die Auswanderer die neue Welt, um sich im ‚gelobten Land' eine neue Existenz aufzubauen. Eßgeschirr, Becher, Vorratsdosen, Trink- und Pulverflaschen aus Weißblech sollten bis Ende des 19. Jahrhunderts zur Grundausstattung einer amerikanischen Siedlerfamilie zählen. Man kann sagen, daß die Erzeugnisse des 'tinsmith', so wurde der Klempner hier genannt, maßgeblich zur Besiedlung des amerikanischen Kontinents beigetragen haben. Die Blechartikel waren preiswert, vor Ort einfach herzustellen, leicht von Gewicht, dauerhaft und unzerbrechlich und erfüllten selbst unter den widrigsten Lebensbedingungen in der amerikanischen Wildnis ihren Zweck. Hübsch lackiert oder mit Figuren und Ornamenten bedruckt brachten sie sogar einen Hauch von Luxus und Gemütlichkeit in die einfachste Siedlerhütte.

Der erste Klempner, der sich in den Vereinigten Staaten nachweisen läßt, ist vermutlich der britische Emigrant Shem Drowne gewesen, der sich um 1710 in der Britischen Kronkolonie Boston niedergelassen hat. In seinen überlieferten Auftragsbüchern wird als erster Auftrag am 23. November 1720 eine Blechlaterne genannt, Gußformen für Wachskerzen und Kerzenleuchter aus Blech folgten. Das Rohmaterial für seine Arbeiten bezog Drowne aus England. Nach seinen Unterlagen begann er bald auch einen regen Handel mit britischem Weißblech. 1750 begann der schottische Siedler Edward Pattison in Berlin im Staat Connecticut Haushalts- und Küchengeräte aus Weißblech zu produzieren. Die kleine Stadt mit dem deutschen Namen sollte im 18. Jahrhundert zu einem Zentrum für amerikanische Weißblechartikel werden. Wie in der alten Welt so wurden auch hier Kleinserien in reiner Handarbeit hergestellt. Für die Arbeit hatte man englische Werkzeuge nachgebaut und den amerikanischen Bedürfnissen angepaßt. Als die Nachfrage beständig wuchs und nur noch mit Mühe befriedigt werden konnte, begann man über rationellere Fertigungsmethoden nachzudenken.

Einer, der sich dieses Problems annahm, war Eli Pearson. Pearson hatte sich um 1800, aus Berlin/Connecticut kommend, in Deadham im Staate Massachusetts niedergelassen. Er war im Ort bekannt dafür, daß er einen großen Teil seiner Zeit damit verbrachte, darüber nachzudenken, wie er sich seine Arbeit mit den verschiedensten Hilfseinrichtungen vereinfachen konnte. Wie erzählt wird, besuchten Eli und seine Braut Abigail eines Tages den Sabbat-Gottesdienst in der First Church in Deadham. Während der endlosen Predigt muß Eli Pearson neben seiner Braut eingenickt sein. Als der Priester gerade verzückt den Höhepunkt seiner Predigt erreichte, sprang Pearson wie von der Tarantel gestochen auf und fiel dem erschrockenen Prediger ins Wort: „I´ve got it! I´ve got it!". Elis Ruf war kaum verklungen, da sah die verdutzte Gemeinde ihn bereits aus der Kirche rennen. Pearson hatte während seines frommen Nikkerchens nichts geringeres als das Prinzip der Sicken- und Börtelmaschine entdeckt und wollte das Ergebnis seines Kirchenschlummers unverzüglich in seinem Hause zu Papier bringen. Das Umbörteln von Blechkanten war zu jener Zeit noch reine Handarbeit, die konventionell mit dem Hammer ausgeführt, in der Werkstatt sehr viel Zeit beanspruchte. Pearsons Erfindung ließ diese zeitraubende Arbeit zu einem Nichts zusammenschrumpfen. Das dazu erfundene Gerät wurde an den Rand des Werkstattisches geschraubt, und während man die Kurbel drehte, bogen speziell geformte Rollen die rohen Schnittkanten der Werkstücke in die gewünschte Form. Wie es 1806 in einem Zeitungsinserat hieß, ließen sich mit dieser Maschine während einer Stunde die Kanten von neunzig bis hundert Werkstücken bearbeiten. Später wurde die Funktion der Maschine erweitert, so daß man damit auch Blech schneiden, Draht umwickeln, hohle Wülste und Blechränder formen konnte.

Bald nach seiner ‚göttlichen Eingebung' ging Eli Pearson mit Calvin Whiting, einem zur Klempnerei gewechselten Kaufmann, eine Partnerschaft zur Vermarktung seiner Erfindung ein. Am 14. April 1804

Oben: Teekanne aus lackiertem Weißblech hergestellt in Massachusetts.
Unten: Eierkocher aus lackiertem Weißblech mit eisernen Beschlägen.

Amerikanisches Werbeplakat für Pecks Weißblechverarbeitungsmaschinen, 1846.

erhielten sie auf die Maschine das Patent. Die technische Funktion wird hierin wie folgt beschrieben: *"... Ein Paar rollende Scheren zum Schneiden von Blechplatten; eine Vorrichtung zum Halten der Bleche, während diese in kreisrunde Formen geschnitten werden oder während ihr Rand eingedreht wird, um den Boden eines Gefäßes zu bilden; eine Maschine, um besagte Ränder einzudrehen; eine Maschine, die besagte Kanten der Böden ein zweites Mal eindreht; eine Maschine, welche Ränder und die Seiten verbindet; eine Maschine, welche die erste Umdrehung für das Verdrahten ausführt; eine Maschine, die die zweite Umdrehung für das Verdrahten ausführt; eine Maschine, die den Arbeitsgang des Verdrahtens beendet, indem sie den Rand um den Draht herum verschließt; eine Maschine, welche die Kanten von Blechplatten falzt, um diese zu verbinden, damit größere Gefäße hergestellt werden können; und eine Maschine, um Blechkanten zu verbinden, nachdem sie gefalzt wurden; und eine Maschine, um die unteren Ränder eines Gefäßes umzubiegen bzw. einzudrehen, damit man einen Gefäßboden erhält. ..."*

Abb. oben: Arbeiter eines amerikanischen Unternehmens für Weißblechbearbeitungsmaschinen mit einer Börtelmaschine aus der laufenden Produktion. Daguerreotypie aus dem Jahre 1853.

Amerikanische Börtelmaschine, um 1850.

Wasserbehälter für eine Heimdusche. Hergestellt Ende des 19. Jahrhunderts in Großbritannien für den amerikanischen Markt.

Am 14. Dezember 1805 schrieb Calvin Whiting über die ‚Patentmaschine zur Bearbeitung von Blech': *„Diejenigen, die bereits Gelegenheit hatten, die Maschine genauer zu untersuchen, erachten sie als eine der brauchbarsten Erfindungen, welche jemals in unserem Land gemacht wurde und empfehlen jedem, der mit Blech arbeitet und seine Zeit irgendwie für wertvoll hält, dieser Maschine Beachtung zu schenken. Obwohl sie sehr einfach in ihrer Konstruktion ist und natürlich nur wenige Reparaturen anfallen, erleichtert sie sehr wohl die Arbeit und kann drei Viertel der benötigten Arbeitszeit jeder anderen Art der Blechbearbeitung einsparen; gleichzeitig führt sie die Arbeiten im allgemeinen viel sauberer und gründlicher durch als das mit der Hand möglich ist. ...."*

Als ‚Patented Tin Manufactory' verkauften die beiden Erfinder fortan interessierten Blechnern das Recht mit ihrer ‚Patentmaschine' zu produzieren. Diese Privilegien wurden jeweils für einen begrenzten Zeitraum und für bestimmte Regionen verliehen. Zog der Klempner, wie es damals in Amerika nicht unüblich war, im Winterhalbjahr in den warmen Süden, mußte er das Nutzungsrecht für mehrere Staaten erwerben. Zwei Jahre nach der Patentanmeldung war das Privileg bereits achtunddreißig mal vergeben.

1804 erhielt Seth Peck *„das Recht und Privileg der Herstellung und des Verkaufs der Maschine, mit der Walz- und Hammerblech zu den unterschiedlichsten Waren verarbeitet werden kann, für die Stadt Windsor für vierzehn Jahre ab Datum des Patents ..."*. Peck konnte weitere Rechte für Maschinen hinzukaufen und gründete 1816 das erste Unternehmen für die Herstellung und Vermarktung von Blechverarbeitungsmaschinen. Auf Grund der großen Nachfrage nach

Lackierte Blechtoiletten aus dem Warenkatalog des amerikanischen Blechartikelherstellers Goodrich, Ives & Co, 1852.

Fotografie des amerikanischen 'Yankee peddler' (Haushaltwarenhändler) Mr. Bigelow. Der Wagen stammt nach der Bauart noch aus der Zeit vor 1839.

Weißblechartikeln fanden seine Maschinen reißenden Absatz. Bereits 1826 wurden Pecks Maschinen in den meisten Staaten Amerikas von eigenen Agenten vertreten.

Trotz bester technischer Ausrüstung gelang es den amerikanischen Werkstätten nicht, der großen Nachfrage nach Blechwaren im eigenen Land Herr zu werden. Dies lag wohl auch daran, daß in den Staaten selbst kein Weißblech hergestellt wurde. Sämtliche Bleche wurden aus Großbritannien und Frankreich importiert. Trotz immenser amerikanischer Zinnvorkommen hielt man es damals für ausgeschlossen, daß irgend jemand auf der Welt die Kunst der Waliser Zinner übertreffen könnte. Für die Importeure war es äußerst lukrativ an Stelle unbearbeiteter Blechtafeln fertige Waren nach Nordamerika zu liefern. Die Händler hielten die europäischen Manufakturen dazu an, spezielle Waren für den amerikanischen Markt herzustellen. Zugleich diktierten sie die Rohblechpreise so, daß ihre Fertigprodukte mit denen amerikanischer Hersteller konkurrieren konnten.

Die Wende kam 1861 mit Ausbruch des Amerikanischen Bürgerkriegs. Die Kriegsgegner mußten innerhalb kürzester Zeit hunderttausende von Soldaten mit Pulverflaschen, Bechern, Löffeln, Kochgeschirren, Vorratsbehältern und Uniformteilen aus Blech ausstatten. Nun waren vor allem die Importeure gefordert, da nur sie in den Ursprungsländern über genügend Rohbleche und ausreichende Fertigungskapazitäten verfügten.

Die Agenten Lance und Grosjean hatten sich verpflichtet innerhalb kürzester Frist nahezu eine Million Blechlöffel und Kochgeschirre aus Frankreich zu liefern. Sie mußten jedoch sehr bald erfahren, daß auch ihre französischen Zulieferer hierfür nicht ausreichend gerüstet waren. Um ihren Lieferverpflichtungen nachzukommen, begannen sie die Ware in eigens hierfür geschaffenen Werkstätten mit jedem verfügbaren - auch ungelerntem - Personal selbst zu fertigen. Um die mangelnden Fachkenntnisse der Arbeiter und Arbeiterinnen zu kompensieren, erfanden sie Vorrichtungen, Pressen und Stanzen, mit denen die Arbeiter mit Maschinenhilfe Löffel samt Stielen massenweise prägen konnten. Wenn die Qualität auch nicht der üblichen Friedensware entsprach, so konnten auf diese Weise sechzig bis achtzig Löffel in der Minute geschlagen werden. Lance und Grosjean konnten ihre Liefertermine halten. Der Bürgerkrieg hatte die beiden zu den ersten Blechwarenfabrikanten großen Stils gemacht. Im Laufe der Zeit verbesserten sie ihre Maschinenfertigung und fanden vor allem in den USA Nachahmer. Innerhalb kürzester Zeit entstand in den amerikanischen Städten eine regelrechte Blechwarenindustrie. Lance und Grosjeans ‚Manufacturing Industrie' sollte führend in der Herstellung hochwertiger Kochgeschirre werden, die nicht nur in beiden Teilen Amerikas, sondern auch in Australien und der Alten Welt weite Verbreitung fanden. Die Art ihrer Fertigung mit angelerntem Personal - vor allem Frauen und Kinder standen an Spezialmaschinen und Fließbändern - wurde in Deutschland unter den Begriffen 'Amerikanisches System' oder 'Amerikanische Produktion' bekannt und Vorbild für deutsche Unternehmen.

Während für den amerikanischen 'tinsmith' handgetriebene Blechbearbeitungsmaschinen zu Beginn des vorigen Jahrhunderts längst zur Selbstverständlichkeit gehörten, arbeitete der deutsche

Blechner nach Großväter Art ausschließlich von Hand. Blechschere, Amboß, verschiedene Sperr- und Umschlageisen, Formhölzer, Lötofen, Kolben, Zangen und eine Vielzahl Hämmer für die unterschiedlichsten Aufgaben galten als übliche Standardausrüstung. Maschinelle Hilfseinrichtungen wie in Nordamerika sollten bei uns bis weit in die sechziger Jahre des vorigen Jahrhunderts hinein unbekannt bleiben.

1815 war in Paris erstmals die Technik des Metalldrückens mit Hilfe einer Drehbank vorgestellt worden. Das Verfahren erleichterte die Herstellung runder, gewölbter Formen, wie Rosetten, Vasen, Teller, Lampenkörper. Seitdem galt eine fußgetriebene hölzerne Drückbank und die 'Mechanik' als der meist unerreichbare Gipfel der Technik in einer Blechnerwerkstatt. Die ‚Mechanik' war ein einfaches Stanzwerkzeug zum Prägen und Lochen von Blech. Sie bestand aus einer Matrize und einem, in einer Führung laufenden, Stempel. Dieser wurde beim Prägen mit einem Holzhammer in das Blech getrieben. Je nach

Drückbank aus Holz, 19. Jh., Heimatmuseum Schwarzenberg.

Auszug aus dem 'Preiskurant 1884' der Maschinenfabrik und Eisengießerei Erdmann Kircheis in Aue/Sachsen.

Form der Werkzeuge konnten damit Ziermuster, Vertiefungen oder Löcher in das Metall gestanzt werden.

Im Anschluß an die politische Revolution von 1848 begann auch in Deutschland, forciert durch einen weltweiten wirtschaftlichen Aufschwung, die industrielle Revolution. Auslöser dieser Entwicklung war unter anderem das Entstehen einer Werkzeugmaschinenindustrie. Angeregt durch die Entwicklungen im Ausland, begann Erdmann Kircheis 1861 in Aue, Sachsen, auf deutsche Bedürfnisse zugeschnittenen Blechbearbeitungsmaschinen zu entwickeln. Im Zentrum der erzgebirgischen Weißblechindustrie aufgewachsen, hatte Kircheis die Mühen der handwerklich arbeitenden Weißblechverarbeiter und der kleineren Manufakturen seit seiner frühen Jugend kennengelernt. Nach einer Maschinenbaulehre, theoretischer Ausbildung und leitenden Positionen in mehreren Maschinenfabriken wagte Kircheis in seiner Heimatstadt die Gründung einer kleinen Fabrik. Schon seine ersten Preislisten wiesen dreißig Positionen unterschiedlichster Apparate auf: Drückbänke, Tafel-, Hebel- und Kniescheren, Bördel- und Sickenmaschinen, Drahteinlegemaschinen, Doppelfalz- und Doppelfalz-Zudrückmaschinen, ein- und mehrarmige Spindelpressen, Rundmaschinen, Falz-, Abkant- und Wulstmaschinen, Bohrmaschinen und Lochstanzen. Anfangs waren diese Maschinen ausschließlich für den Handbetrieb eingerichtet, bald konnten sie auch mit Riemenscheiben für Transmissionsantrieb oder für Elektromotoren bestellt werden.

Der Fabrikant Erdmann Kircheis.

Die Blechbearbeitungsmaschinen aus Aue wurden von den Handwerkern 'alter Schule' voller Unbehagen und mit Mißtrauen betrachtet. Sie ahnten in den mechanischen Produktionshilfen den Anfang vom Ende ihres Handwerks. Aufgeschlossene Klempner sahen dagegen ihre Chance. Anstatt scharfkantige, schneidende Blechkanten zu liefern, konnten sie zu vertretbaren Preisen gefällig gesäumte Waren auf den Markt bringen. Die Automatisierung langwieriger Falz- und anderer Detailarbeiten ließ ihnen mehr Zeit für sonstige Tätigkeiten und rechnete sich, wenn eine befriedigende Auslastung der Maschinen garantiert werden konnte.

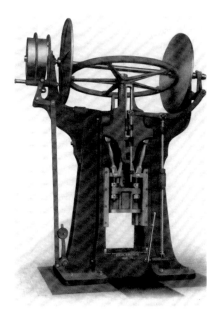

Große Presse der Fa. Kircheis, 1884.

Die Leuchtkraft der Gasflammen veränderte das Leben der Menschen grundlegend. Gaslampen ersetzten das bis dahin gebräuchliche spärliche Kerzen- und Öllämpchenlicht oder den rußenden Kienspan. Dank der Gasbeleuchtung ließ sich der Tag zum ersten Mal, auch über die Dämmerungsgrenze hinaus, für die Arbeit, aber auch für Freizeitbeschäftigungen und Fortbildung nutzen. Gemälde von Willy Werner, um 1912.

Gas – Wasser – Elektrizität verändern den Alltag und begründen einen neuen Beruf

Was die Nutzung der Leuchtmittel an der Schwelle des 18. Jahrhunderts betraf, so wußte Goethe damals noch in Reimform zu stöhnen:

*„Wüßte nicht, was sie Besseres erfinden könnten,
als wenn die Lichter ohne Putzen brennten."*

Die Erfüllung für des Dichters Wunsch kündigte sich an, als sich der schottische Erfinder der Lokomotive William Murdoch 1792 für die Beleuchtung seines Hauses in Redruth eine eigene Gasanlage für Beleuchtungszwecke installierte. Dreißig Jahre lang hatte Murdoch neben anderen Erfindern mit der flüchtigen Materie experimentiert, bis er einen gangbaren Weg gefunden hatte, um aus Steinkohle Leuchtgas zu erzeugen. Britische Gelehrte nannten das Gas damals eine nutzlose Spielerei, Napoleon sprach von reiner Narretei. Ein Parlamentsmitglied unterbrach den Erfinder bei einem öffentlichen Vortrag mit den Worten: *„Wollen sie uns wirklich weismachen, daß man Licht ohne Docht haben kann?"*

1798 erleuchtete Murdoch die Hallen der Maschinenfabrik Boulton & Watt in Soho, London, mit Gasflammen; 1802 machte er mit der anläßlich der Feier des Friedens von Amiens hell erstrahlten Fabrikfassade seine Zeitgenossen auf das chemische Licht aufmerksam. Murdochs Flammenlicht ohne Docht sollte das Leben der Menschen nachhaltiger verändern, als irgendeine Erfindung in den Jahrhunderten zuvor. Gaslicht wurde 1814 zum ersten Mal in England im Londoner Stadtteil St. Margareths zur Beleuchtung einer ganzen Straße eingesetzt. 1819 hatten dreißig englische Städte ihre Öllaternen gegen die modernere Gasbeleuchtung ausgetauscht. Elf Jahre nach der Illumination St. Margareths nahm in Hannover das erste größere Gaswerk auf deutschem Boden seinen Betrieb auf. Betreiber war die englische 'Imperial Continental Gas Association'. Am 19. September

Rohrkreuzungsstelle einer städtischen Gasleitung, um 1910. Schmiedeeiserne Rohre verdrängten das Bleirohr nur sehr zögernd. Aus Furcht vor der geringen Rostsicherheit wurden Eisenrohre bis 1890 nur innerhalb der Häuser verwendet, für das Straßennetz jedoch nur in besonderen Ausnahmefällen. Der Untergrund der Bürgersteige war durch Aschereste und Jauche oft so gesäuert, daß die Rohre innerhalb weniger Jahre gefährliche Durchrostungen zeigten.

Die neue Energie brachte nicht allein Licht und Wärme, sondern auch technische Erleichterungen für die Hausfrauen und das Personal. Der Metallschlauch (oben links) ermöglichte den gefahrlosen Anschluß von beweglichen Haushaltsgeräten an die Gasleitung. Ein Goldschmied aus Pforzheim hatte sein Prinzip bei der Gestaltung eines Colliers erfunden. Da ihn die Oberfläche an einen Gänsehals erinnerte nannte er seine Erfindung 'Gänsegurgelschlauch'.

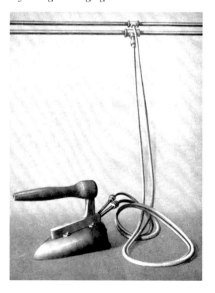

1827 hieß es auch für die preußische Metropole „Berlin wird helle!" Die neuen Laternen der '1. Gaserleuchtungsanstalt' tauchten die Prachtstraße „Unter den Linden" in künstliches Licht. 1828 folgte Dresden, 1830 Frankfurt, 1837 Leipzig und danach weitere Städte mit eigenen Gaswerken. 1850 besaßen die meisten größeren Städte Gasbeleuchtung für die Außen- wie auch für die Innenbeleuchtung. Die steigende Beliebtheit der Gasenergie belegen folgende Zahlen: 1854 produzierten die städtischen Gaswerke Berlins 6,5 Mio. m^3 Gas, 1895 107,5 m^3. 1899 war die Liefermenge auf 168 Mio. m^3 angestiegen. Mit Gas wurden öffentliche Gebäude und wohlhabende Häuser beleuchtet. Leuchtgas ließ in den Fabriken die Nacht zum Tage werden und machte es möglich, daß die Produktionszeiten über die natürliche Dämmerungsgrenze hinaus ausgedehnt werden konnten. In Deutschland war es der Apotheker Pickel, der 1786 als erster die Produktionsräume seiner Salmiakfabrik mit Leuchtgas illuminierte. In normalen Haushalten spendeten dagegen noch bis weit in die 90er Jahre Wachskerzen - ab 1840 teilweise ergänzt durch die neu aufkommenden Petroleumlampen - ihr trübes Licht.

Wie alles Neue fand auch das Gaslicht seine erbitterten Gegner. Als in Paris ein Gaswerk erbaut werden sollte, ereiferte sich die Kölner Zeitung: *„Jede Straßenbeleuchtung ist verwerflich 1.) aus theologischen Gründen; weil sie als Eingriff in die Ordnung Gottes erscheint. Nach dieser ist die Nacht zur Finsternis eingesetzt die nur zu gewissen Zeiten vom Mondlicht unterbrochen wird. ...; 3.) Aus medizinischen Gründen, die Oel- und Gasausdünstung wirkt nachteilig auf die Gesundheit schwachleibiger oder zartnerviger Personen. ...; 4.) aus philosophisch-moralischen Gründen, die Sittlichkeit wird durch die Gassenbeleuchtung verschlimmert. Die künstliche Helle verscheucht in den Gemütern das Grauen vor der Finsternis, das die Schwachen von der Sünde abhält. ...; 5.) aus polizeilichen Gründen. Sie macht die Pferde scheu und die Diebe kühn. ..."*

Die ersten Gasflämmchen erhellten ihre nähere Umgebung nur sehr spärlich. Der Erfindergeist sollte sich jedoch förmlich auf die neue Energie stürzen. Bis 1905 wurden 2.000 mehr oder weniger brauchbare Patente zur Vervollkommnung des Gaslichtes angemeldet. Erst Auers Erfindung des Glühstrumpfes brachte aber das che-

Hell erleuchtete Außengelände waren vor der Gasbeleuchtung allein besonderen Festtagen und Feierlichkeiten vorbehalten. Jetzt waren beleuchtete Gartenlokale, wie hier in Berlin die Abtei bei Treptoe, eine alltägliche Attraktion. Gemälde von Hans Baluscheck.

mische Licht 1887 mit der fünffachen Lichtstärke eines herkömmlichen Brenners auch tatsächlich zum Erstrahlen.

Mit der Gasversorgung kamen die Bleirohre wieder in großem Umfang zu Ehren. Allein in Berlin wurden 1850 3.350 öffentliche und 15.115 private Flammen, nebst 2.164 Leuchten im Königlichen Theater, per Bleirohr von den Berliner Gaswerken versorgt. Blei war seit Anbeginn ein Material des Klempners gewesen, die Herstellung von Lampen sein ursprüngliches Gewerbe. Um die Jahrhundertwende lieferten 670 Gaswerke in Deutschland ihre saubere Energie bis in die Privathäuser hinein. Die Installationstrupps der Gaswerke führten sowohl die Verrohrung zwischen Straße und Hauptabsperrhahn als auch Einbau und Wartung der Zähler aus. Innerhalb der Gebäude konnte der Hauseigentümer die Gasgesellschaft oder den Bauklempner mit der Ausführung beauftragen.

Eine Gasinstallation seitens der Gaswerke innerhalb der Gebäude wurde von den Bauklempnern als Übergriff in ihr ureigenes

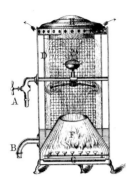

Bei dem Durchlauferhitzer-Patent des Aachener Herstellers Houben wurde das Badewasser innerhalb des Kupfergehäuses fein versprüht. Die so entstandenen Wassertröpfchen wurden durch die erhitzten Abgase der offenen Gasflammen erwärmt.

Arbeitsgebiet betrachtet. So appellierte die Frankfurter Innung, deren Mitglieder sich um die Jahrhundertwende gleich zwei miteinander konkurrierenden Gasgesellschaften gegenüber sahen, an den Magistrat, *„daß den beiden Gaswerken die Installation von Gasleitungen an Private untersagt würde, indem dadurch ein sehr großer Theil unserer Innungsmitglieder auf das empfindlichste geschädigt worden sind und eventuell noch mehr geschädigt würden. Hauptsächlich ist es die Englische Gasfabrik, die in so ausgedehntem Maaße, größtentheils unentgeltlich, Privat-Installationen ausführt, so daß tatsächlich mehreren unserer Innungsmitglieder die Kundschaft entzogen und so empfindlich auf Ihr Geschäft eingewirkt, daß sie Ihre Mühe haben, sich ernähren zu können."* Auch sah sich das Handwerk beim Verkauf von Gasgeräten den starken Gesellschaften gegenüber im Nachteil. Diese verschleuderten Gasöfen und Herde zu Fabrikpreisen, um sich dadurch ihren Gasabsatz zu sichern.

Für reine Heizzwecke wurde das Gas erst ab den 80er Jahren in größerem Umfang genutzt. Besonders die neuen Badegewohnheiten und die hierdurch aufkommende Warmwasserversorgung profitierten von den einfach zu bedienenden Gasbadeöfen. Die sogenannten 'entleuchteten' Flammen aus dem Gasbrenner waren nicht nur sauberer als herkömmliche Brennstoffe, sie machte auch unabhängig vom Personal.

Mit dem Gas begann sich der Installateurberuf zum vielseitigen Haustechniker und Energiezuführungsfachmann zu verändern. Durch die Industrialisierung hatte in Europa eine allgemeine Landflucht eingesetzt. Während weniger Jahre vervielfachte sich die Einwohnerzahl der Städte. Hatte Berlin im Jahr 1816 noch 223.000 Einwohner gezählt, so war diese Zahl bis 1871 auf 932.000 angestiegen. Anno 1900 hausten 2.712.190 Menschen in der Stadt, bei einer Bevölkerungsdichte von 11.693 Einwohnern pro Quadratkilometer. Die Trinkwasserbeschaffung sowie das Entsorgen der Fäkalien war Privatsache der Bürger. Die Gemeinden erleichterten die Wasserbeschaffung, indem sie der Bevölkerung das Wasser der Brunnen kostenlos zur Verfügung stellte. Wo es möglich erschien, legten die Hauseigentümer auf ihren Grundstücken Brunnen und oft nicht weit davon entfernt Fäkaliengruben an. Das Abwasser wurde über die

Gosse entsorgt. Bei den explodierenden Bevölkerungszahlen konnte es nicht ausbleiben, daß es zu einer Verunreinigung des Grundwassers kam. Vernichtende Hygieneseuchen waren die Folge. Im Jahr 1831 starben in Berlin 1.426 Menschen an der aus Indien eingeschleppten Cholera. In Großbritannien raffte die Krankheit 32.000 Menschen dahin. Im Frühjahr darauf starben in Paris 18.402 Menschen unter qualvollsten Umständen.

Als die Seuche in London grassierte, hatten Mediziner beobachtet, daß Straßenzüge, die aus bestimmten Quellen ihr Wasser bezogen, besonders stark von der Epidemie betroffen waren, andere dagegen kaum. Auf Grund dieser Indizien begann man in London erstmals mit dem Bau eines groß angelegten Wasserversorgungsnetzes mit Druckwasser und Filteranlagen. Mangels anderer geeigneter Vorbilder orientierten sich die Ingenieure bei der Planung an den Wasserversorgungsanlagen aus römischer Zeit. Das Problem einer geordneten Wasserableitung blieb hierbei jedoch noch unbeachtet.

1848 wurde London erneut von einer Choleraepidemie heimgesucht. 18.000 Menschen starben. Eine Untersuchung des Verbreitungsweges der Krankheit ergab, daß in Arbeiter- und Armenvierteln, in denen die sanitären Einrichtungen der Häuser am ärgsten waren, auch die meisten Krankheitsfälle vorkamen. In Arbeiter-Musterhäusern dagegen, die gemeinnützige Baugesellschaften in den gleichen Stadtteilen mit den notwendigsten sanitären Einrichtungen versehen hatten, waren kaum Tote zu beklagen. Der Londoner Arzt Dr. Southwood Smith kam zu dem Schluß: *„Wenn ganz London so gesund wäre wie diese Musterwohnungen, so könnten jährlich 23.000 Menschenleben erhalten werden."* Die Ursachen der Krankheit waren damit weiter eingegrenzt. Selbst die größten Zweifler begannen nun über die Notwendigkeit einer hygienischen Abwasserbeseitigung nachzudenken. 1855 wurde in London ein alle Straßen erfassendes Abwassersystem in Angriff genommen.

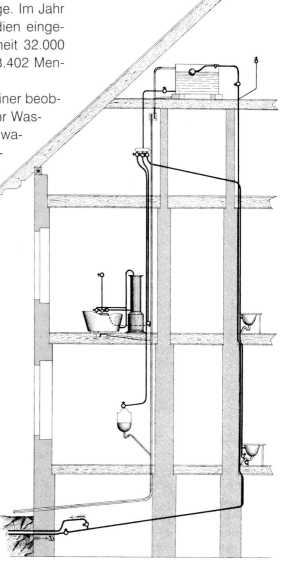

Installationsbeispiel aus Lebruns Handbuch für Klempner, 1876.

Nach dem großen Brand von Hamburg, der 1842 den größten Teil der Innenstadt in Schutt und Asche gelegt hatte, beauftragte der Senat den in Hamburg ansässigen englischen Ingenieur William Lindley mit der Planung und Durchführung eines 62 km langen städtischen Wasserversorgungsnetzes, kombiniert mit einem Sielsystem. Der 73 m hohe Wasserturm und die dampfgetriebenen Pumpen, die ab 1848 flußaufwärts der Elbe das Trinkwasser entnahmen, dienten jedoch nicht nur der Hauswasserversorgung. Im erneuten Brandfalle sollte genügend Löschwasser mit ausreichend hohem Druck bereit stehen. Außerdem wollte man Antriebsenergie für kleinere Maschinen liefern. Bis 1850 waren 4.000 von 11.500 Häusern mit einem eigenen Wasseranschluß versehen.

1856 konnte in Berlin das erste zentrale Wasserwerk in Betrieb genommen werden. Es wurde im Auftrag der Stadt durch eine britische Gesellschaft betrieben. Nach 18 Jahren wies das Berliner Leitungsnetz eine Gesamtlänge von rund 190 km auf. 1861 erhielt Stuttgart eine zentrale städtische Wasserversorgung, 1863 Mainz, 1856 Braunschweig und Stettin, 1866 Leipzig und München usw.. Bis zur Jahrhundertwende waren zwar die größeren Städte mit einem städtischen Wasserleitungssystem ausgestattet, jedoch nur ein ganz kleiner Teil der Landgemeinden. Bis auch hier eine zentrale Trinkwasserversorgung vorhanden war, sollte noch einmal mehr als ein halbes Jahrhundert vergehen.

Mit der zentralen Wasserversorgung der Städte hatte in Europa eine neue Epoche in der Haustechnik begonnen. Wie bereits bei der Gasversorgung war es auch hier wieder die Aufgabe des mit Wasserführung und Rohrverlegung vertrauten Bauklempners, die Zu- und Abläufe ab den Grundstücksgrenzen zu legen. Außerdem waren Vorratsbehälter, Zapfstellen und Wandbecken anzubringen, Badeöfen und Wannen zu installieren. Parallel zur Wasserversorgung mußte in den Städten das Abwasser- und Fäkalienbeseitigungproblem durch weitläufige Sielsysteme gelöst werden. Mit den Schwemmsystemen hielt dann das englische Wasserkloset in Deutschland Einzug. Die Verbreitung hauseigener Warmwasserbereitungsanlagen am Ende des vorigen Jahrhunderts führte dazu, daß auch der Zentralheizungsbau für den Klempner an Bedeutung gewann.

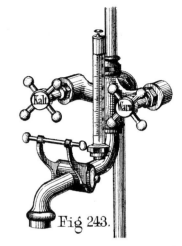

Wannenarmatur mit Klappumstellhebel für die Brause und Thermometer.

Abb. linke Seite: „Einrichtung eines praktischen und bequemen Badezimmers", um 1850. Gezeigt wird eine Installation aus den frühen Tagen der Wasserversorgung als das Wasseer nur stundenweise am Tag durch die Leitungen floß. Es mußte damals in Vorratsbecken gesammelt werden, wie es hier oberhalb des Bades gezeigt wird. Solche Reservoires wurden normalerweise unter dem Dach installiert. Erwärmt wird das Wasser über einen Kessel, der durch das Feuer des offenen Kamins erwärmt wird. Von hier aus werden über getrennte Bleileitungen Brause, Waschbecken und Wanne mit warmem Wasser versorgt. Kaltwasser wird direkt dem Hochreservoir entnommen.

WC-Installation, 1876.

1877 kündigte sich für die Gaswerke eine ernsthafte Konkurrenz an. Werner von Siemens führte am 1. März 1877, anläßlich eines Balles in seinem Privathaus, eine von ihm konstruierte elektrische Differential-Kohlebogenlampe vor. Wenige Tage später wurde die neuartige elektrischen Beleuchtung anläßlich der Berliner Gewerbeausstellung in Moabit, zwischen Friedrichstraße und der Prachtstraße „Unter den Linden", installiert. Fünf Jahre später, 1883, erhielt die von Emil Rathenau gegründete 'Deutsche Edison-Gesellschaft', von der Stadt Berlin den Auftrag zwei städtische Kraftwerke für Beleuchtungszwecke einzurichten. Die bequeme elektrische Energie sollte sich schnell durchsetzen. Im Jahr 1885 waren bereits 4.880 Lampen an die Berliner E-Werke angeschlossen, 1890 waren es schon 9.200 Lampen. 1900 wurden die Berliner Gebäude von 2 Mio. elektrischen Lichtern erhellt.

Es lag nahe, daß auch hier wieder Klempner, die Spezialisten für moderne Haustechnik und Beleuchtung, die ersten elektrischen Leitungen zogen. Kaum hatte sich der Beruf mit den ersten stromführenden Kabeln befaßt, kamen, durch die ersten Schwachstromanlagen und Haus-Telefoneinrichtungen, erneut Aufgaben hinzu. Auch hier wurde der Klempner zuständiger Ansprechpartner, der in herrschaftlichen Wohnhäusern, Hotels oder Industriebetrieben elektrische Sprechverbindungen legte. Erst in den Folgejahren entwickelten sich dann eigenständige Elektroberufe. Die vermehrt eingehenden Aufträge zur Montage neuer Wasser- und Energieversorgungseinrichtungen verlangten den Einsatz eigener Werkzeuge und Arbeitsmittel, die mit den Blechnerwerkzeugen nichts mehr gemein hatten. Bedingt durch hohe Investitionen für die Spezialausrüstung und immer spezieller werdende Fertigkeiten, die diese erforderte, begann eine Trennung des Handwerks in Blechner und sogenannte 'Gesundheitstechniker', wie sich der neue Berufszweig voller Stolz und Selbstbewußtsein nannte.

Das technische 'Gewußt wie', Grundkenntnisse in Physik und Chemie, waren im haustechnischen Bereich wichtiger geworden, als das handwerkliche Geschick, Lampen, Zuläufe oder Abflußrohre in der eigenen Werkstatt selbst herzustellen. Diese lieferte die Industrie mittlerweile technisch perfekter und entschieden preiswerter.

Die Montage und Installation vorgefertigter Baugruppen wurde der neue Tätigkeitsbereich des mit der Zeit gehenden Bauklempners. Die praktische Arbeit des Haustechnikers beschränkte sich fortan auf das Ablängen und Verlöten konfektionierter Rohre, das Aufbringen von Gewinden und das Verschrauben mit industriell vorgefertigten Fittings, Armaturen und Geräten. Der Monteur mußte technische und physikalische Zusammenhänge verstehen und allen Neuerungen gegenüber aufgeschlossen sein. Kundenberatung, die technische Planung und Ausführung kompletter Hausanlagen sowie der Verkauf geeigneter Geräte und Armaturen gehörte zu den neuen Aufgaben des Berufes. 1910 hieß es in dem Lehrbuch 'Der Moderne Installateur': „*In der Regel glaubt man vom Installateur nichts weiter verlangen zu dürfen, als das Legen der Leitungen für Wasser und Gas, soweit es sich um kleinere Nebenleitungen im Hause handelt. Man übersieht hierbei, daß selbst diese Leitungen nur einen Teil des Ganzen bilden, und wer den Zusammenhang des Ganzen nicht kennt, ist auch nicht imstande, einen Teil des Ganzen richtig beurteilen und ausführen zu können; daher die unzähligen verpfuschten Anlagen in den Häusern, die Gasexplosionen, Überschwemmungen und sonstigen Unannehmlichkeiten in den modernen Wohnstätten, die alle durch die Bank auf schlechte, unsachgemäße Installation zurückzuführen sind. Wer also Installateur sein will, der muß sich vor allen Dingen der geringen Mühe unterziehen, das Wesentlichste dessen, was er zu seiner Ausbildung braucht, aus Büchern zu lernen ...*"

Da damals alles, was französisch klang, als elegant und modern empfunden wurde, fand man für den neuen Beruf das französisch klingende, aber deutsche Kunstwort 'Installateur', das sich ab den 80er Jahren des vorigen Jahrhunderts in Deutschland durchsetzen sollte. Heute hat diese Bezeichnung auch in Frankreich und in den meisten europäischen Ländern Gültigkeit.

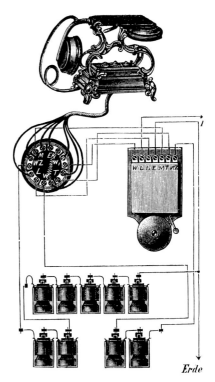

Das Installieren von Haustelefonanlagen gehörte Ende des 19. Jh. zu den typischen Aufgaben eines Klempners.

Die amerikanische Patentzeichnung macht das Ziehen des Rundstahls zwischen zwei konischen Walzen deutlich. Figur 2. zeigt, wie das Material des Rundstabs zwischen den in gleicher Richtung drehenden Walzen im Zentrum becherförmig nach innen ausweicht. Bei 3. und 4. hat sich zwischen den enger werdenden Walzen ein deutlich erkennbarer Hohlraum gebildet, der schließlich zum Rohr wird, wenn der Stab die Walzen durchlaufen hat. Das so hergestellte Rohr ist innen rauh und dadurch für die meisten Verwendungen unbrauchbar. Zum Glätten der Innenwandungen wurde während des Walzvorgangs ein Dorn eingeführt (s. Abb. rechte Seite).

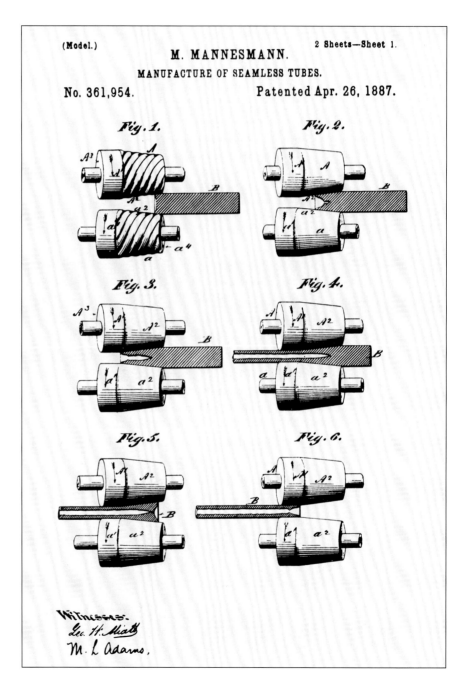

Nahtlos geschmiedete Eisenrohre

Für die hohen und heißen Drücke der Dampfmaschinen war Bleirohr ungeeignet. 1808 erfand der Brite Benjamin Cook ein Verfahren zum Schmieden von Rohren aus Eisen. 1825 konnte sein Landsmann Whitehouse dieses Patent grundlegend verbessern. Beide hatten mit ihren Entwicklungen auch auf die Verbreitung von Murdochs Leuchtgas reagiert, für dessen Installation man sich nach den napoleonischen Kriegen sogar ausgedienter und zusammengeschraubter Flintenläufe als Leitung bediente.

Whithouses geschmiedete Röhren waren im Prinzip zusammengerollte und verschweißte oder verlötete Blechstreifen. Ihre Schwachstelle war die Naht. Geschweißte Rohre waren anfälliger gegen Korrosion als gegossene, sie wiesen jedoch eine deutlich höhere Festigkeit auf.

1887 war in Fachkreisen bekannt geworden, daß die Remscheider Feilenhersteller Mannesmann in den USA ein neues Walzverfahren zum Schmieden von nahtlosen Rohren zum Patent angemeldet hatten. Die Erfinder behaupteten, ihr Verfahren würde sich auf sämtliche bekannte Rohrsorten, unterschiedlichste rohrförmige Körper und Rohre mit unterschiedlichen Querschnittformen beziehen. Auch hörte man, daß nach der Methode der Gebrüder Mannesmann das dünnste wie das weiteste Rohr auf ein und derselben Maschine herzustellen sei. Selbst an beiden Enden geschlossene Rohre wären möglich. Vor allem die letzte Behauptung wurde heftig angezweifelt, da sie ein Novum in der Walztechnik darstellte. Die Zeichnungen, die zu dem Verfahren veröffentlicht wurden, waren mit Absicht unklar und verwirrend gehalten. Hinzu kam, daß die Gebrüder

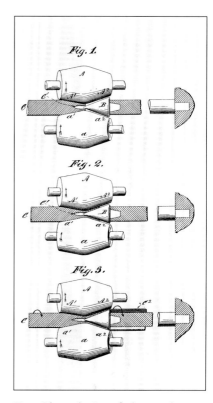

Zum Glätten der Innenflächen wurde ein Dorn eingeführt. Max Mannesmann 1896: „Obgleich die Lochbildung ohne Dorn zwar das theoretische Prinzip unseres Schrägwalzverfahrens bildet, so ist doch in keinem Stadium der Fabrikation praktisch je ohne Dorn geblockt worden."

Das erste im Pilgerschrittwalzverfahren hergestellte nahtlose Rohr.

Scheibenwalzapparat für die Herstellung nahtlos gewalzter Stahlrohre. Schwere Schwungräder kompensierten den Mangel an verfügbarer Antriebsenergie.

Das erste auf einer Scheibenwalzmaschine hergestellte Rohr.

Mannesmann immer auf den Einsatz ihrer Rohre im fernen Afrika, in Amerika oder im Kaukasus hinwiesen, was eine Überprüfung unmöglich machte.

Tatsächlich hatten die Brüder beim Walzen von Rundmaterial entdeckt, daß sich das Materialgefüge der Werkstücke bei einer bestimmten Walzenstellung in ihrem Zentrum auflockerte, und daß es unter bestimmten Voraussetzungen auch möglich sein müßte, auf diese Weise Hohlkörper zu herzustellen. Erste konkrete Versuche Ende 1884 ergaben tatsächlich Hohlformen mit rauhen Innenflächen. Um kein Aufhebens von der Erfindung zu machen, wurde die Entdeckung 1885 unter dem Namen ihres Vetters Dr. Fritz Koegel zum Patent angemeldet.

Zum Glätten der Innenflächen setzten Max und Reinhard Mannesmann schließlich einen Dorn ein, was zu befriedigenden Ergebnissen führte. 1890 gelang es erstmals, betriebssichere Schrägwalzwerke zu bauen. Damit konnten nun kurze, dickwandige Rohre, sogenannte 'Rohrluppen', hergestellt werden. Um die Rohlinge weiter zu strecken und dünnwandiger auszuwalzen, experimentierten die

Erfinder mit einem Rundeisenwalzwerk. Sie versuchten, die Luppe hiermit über einen Dorn auszuwalzen. Max Mannesmann änderte die Profilwalzen schließlich soweit ab, daß der Rohling bei jeder Umdrehung der Walzen eine Strecke gefaßt und wieder freigegeben wurde. Sobald der Rohling frei war, wurde er von Hand um 90° gedreht, um in dieser Stellung nochmals gewalzt zu werden. Das Verfahren erinnerte die Remscheider an die Echternacher Pilgerprozession, bei der die Teilnehmer jeweils drei Schritte vor und zwei zurück gingen. Entsprechend nannten sie ihren Walzvorgang 'Pilgerschritt-Walzverfahren'. Ende des Jahres 1891 wurde schließlich das erste einwandfreie Rohr gepilgert. Es hatte einen Außendurchmesser von 68 mm bei einer Wandstärke von 5 mm und war rund 4 Meter lang.

Mit der Entwicklung des Mannesmann-Schrägwalzverfahrens trat das nahtlose Stahlrohr international seinen Siegeszug an. Die Remscheider Erfindung war eine der wichtigsten Voraussetzungen dafür, daß die Gas- und Wasserinstallation ihre heutige Bedeutung erlangen konnte.

Eine Revolution in der Geschichte der Installationen war die Vorstellung der ersten nahtlos gewalzten Mannensmann-Röhren auf der Berliner Gewerbeausstellung 1886.

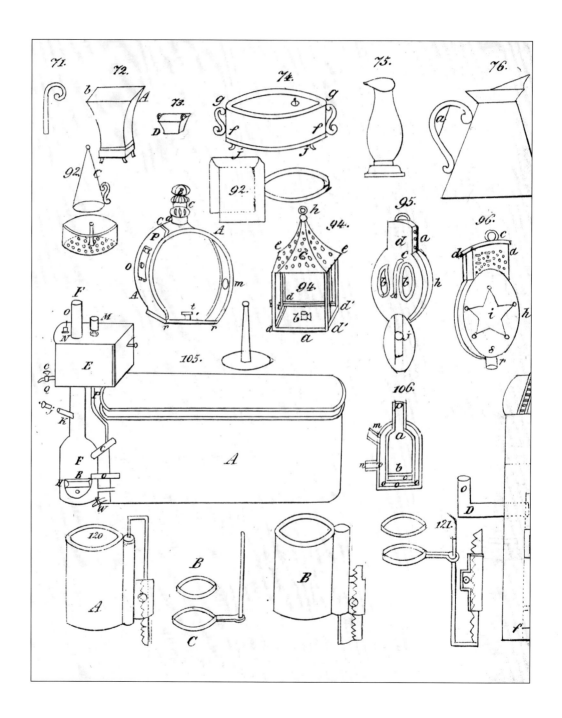

Der Kampf der kleinen Werkstätten ums Überleben (1870–1896)

Ende der 70er Jahre des 19. Jahrhunderts wurden große Stückzahlen farbiger Blechwaren aus Nordamerika importiert. Das farbig emaillierte und lackierte Haushaltsgerät fand Gefallen und verdrängten die schlichten Artikel mit unbehandelten Oberflächen. Weil es für den Farbauftrag umfangreicher Lackier- und Trockeneinrichtungen bedurfte, blieb die Herstellung dieser Warenqualität allein den Fabriken vorbehalten. Bis 1890 war die Herstellung von Lampen, Ofenrohren, Regenrinnen, Fallrohren, Blechspielzeug, Ölkannen und Küchengerät vollständig an Industriebetriebe übergegangen. Sehr einfache, grob gearbeitete Waren wurden noch in großen Mengen in ländlichen Kleinbetrieben, mit Kinderarbeit und bei billigstem Lohn, hergestellt und auf den Jahrmärkten an sogenannten '30-Pfennig-Ständen' vertrieben. Gepreßte Deckel, Siebplatten für Kaffee- und Teemaschinen oder Gießkannenbrausen wurden hierbei von der Industrie bezogen. In Kaufläden war diese Billigware nicht zu erhalten. Städtische Kleinbetriebe hatten nur dort noch eine Chance, wo gewünschte Produkte nicht im Handel waren oder dort, wo Kunden eine überdurchschnittliche Qualität verlangten. Die Klempnerwerkstätten wurden mit der Herstellung von besonders stabilen Gebrauchsartikeln für Gewerbe und Haushalt betraut: Ölkannen mit besonderen Verschlüssen, automatische Abfülltrichter, Bettflaschen besonderer Konstruktion, Nachtlämpchen, kleine Buttermaschinen für den Haushalt usw.. Einige wenige Meister konnten sich den neuen Verhältnissen anpassen. Sie lieferten fortschrittliche Waren eigener Konstruktion oder auch solche, die Verbesserungen gegenüber den Industrieprodukten aufwiesen. Mit normaler Handelsware waren Kleinbetriebe nur dann noch überlebensfähig, wenn der Meister in der Werkstatt mitarbeitete. Sein Einkommen überstieg dann das seiner Gesellen kaum. Die Kalkulation solcher Werkstätten reduzierte sich auf die Addition der Materialkosten. Arbeitszeiten wurden nicht mit

Abb. linke Seite: Arbeitsbeispiele für Klempnerwerkstätten (aus M. Lebrun: 'Vollständiges Handbuch für Klempner und Lampenfabrikanten', Weimar 1843). Inmitten von Blechflaschen, Kaffeekannen und Behältern als Arbeitsvorlage auch 'Bizet´s Badewanne mit einem Ofen', die wie folgt beschrieben werden: „Figur 105 stellt den ganzen Apparat dar, der aus folgenden Hauptteilen besteht: 1) der Badewanne A; 2) dem Kesselofen B; 3) dem Behälter E, in welchem die Wäsche und das Frühstück erwärmt wird, und 4) dem Rohre FF, durch welches die Kohlendämpfe aus dem Zimmer weggeführt werden. Der wichtigste Theil ist der, in einem Kessel befindliche Ofen, der als Fig. 106 im Durchschnitte dargestellt ist.
Der Ofen befindet sich, wie man in Fig. 106 sieht, in der Mitte eines Mantels von Kupfer, so daß zwischen beiden ein Raum bleibt, der überall 2 Zoll Breite hat und für das Wasser bestimmt ist. Die Kohlen werden durch das Rohr P in den Ofen geworfen, sie verbrennen auf dem Rost und erhitzen so das in dem Zwischenraume befindliche Wasser."

Firmenansicht und industrielle Badewannenproduktion bei Moosdorf und Hochhäusler in Berlin um 1895.

eingerechnet. Die Differenz zwischen Materialkosten und Erlös galt als Gewinn. Am Beispiel eines Kohlenfülleimers bedeutete dies:

2,5 kg Schwarzblech à 18,5 Pf./kg	0,46 Mark
1 Griff aus Schmiedeeisen	0,05 Mark
Lack für den Anstrich	0,15 Mark
Material gesamt	0,66 Mark
Verkaufspreis an den Wiederverkäufer	1,10 Mark

Solche Rechnungen konnten nur dann aufgehen, wenn keine fremdgefertigten Teile zugekauft werden mußten.

Während der zweiten Hälfte des 19. Jahrhunderts begannen Fabrikbetriebe verstärkt Badeeinrichtungen aus Kupfer-, Zinn-, Zink oder verzinkten Blechen herzustellen. Die Unternehmen bemühten sich, ihre Waren über Klempnereien abzusetzen. Kleine Spezialbetriebe versuchten mit dem großen Herstellern zu konkurrieren. Sie hatten den Vorteil, daß sie ihre Badewannen und -öfen individuell nach Kundenwünschen herstellen konnten, und übernahmen die Installation vor Ort. Die manuellen Fertigungsmethoden von Blechbadewannen waren in Fabrik und kleiner Werkstatt nahezu gleich. Oft unterschieden sich die Klempnerprodukte von der Fabrikware lediglich durch etwas geringere Eleganz in Form und Ausführung. Diese Nachteile machten die Kleinbetriebe jedoch durch solidere Bauweise und größere Materialstärken leicht wieder wett. Beim Vertrieb der selbstgefertigten Ware befanden sich die Kleinproduzenten jedoch stets im Nachteil. Die Fabriken, als Großverbraucher, konnten Mate-

Preisvergleich verschiedener Blechwaren hergestellt in Handwerk und Industrie

Gegenstand	Endverkaufspreis des städt. Handwerkers	Endverkaufspreis der Industrie
Gießkanne	2,75 bis 3,00 Mark	1,50 bis 2,00 Mark
Puddingform	3,00 bis 3,50 Mark	1,50 bis 2,00 Mark
Reibeisen	0,75 Mark	0,25 Mark

Quelle: Hofmann: Strukturwandlungen im Klempner- und Installateurhandwerk, 1935.

Herstellungskosten einer Badewanne in Handwerk und Industrie

	Kosten	Handwerk	Mittelbetrieb	Fabrik
1.	22 kg Zinkblech à 0,48 Mk.	10,58	10,56	10,56
2.	2 kg Abfall	0,96	-	-
3.	Aufpreis für Zuschnitt 4%	-	0,44	-
4.	1 kg Lötzinn	2,40	2,40	2,00
5.	sonstiges Lötmaterial	1,20	1,20	1,00
6.	Unterboden aus Holz	2,00	2,00	1,50
7.	Putzmaterial	0,80	0,80	0,60
8.	Arbeitslohn	9,00	6,00	4,50
	Herstellungskosten in Mark	26,92	23,40	20,16

Quelle: Hofmann: Strukturwandlungen im Klempner- und Installateurhandwerk, 1935.

Kinderbadewanne aus der Blechnerwerkstatt.

rial und Zutaten günstiger einkaufen. Durch ihre umfangreiche Produktpalette waren sie in der Lage, den Einzelhandel umfassend und direkt zu beliefern. Bei größeren Abnahmemengen konnten sie hohe Provisionssätze gewähren. Die Werkstätten dagegen waren schon aus Personalgründen gezwungen, den Zwischenhandel in Anspruch zu nehmen, der stets am Gewinn beteiligt werden wollte.

Durch Großbetriebe oder den Großhandel belieferte Einzelhandelsgeschäfte verfügten in der Regel über günstiger gelegene Geschäfte als die Werkstätten und konnte ihre Ware in großzügig gestalteten Schaufenstern präsentieren. Handwerksbetriebe dagegen, die ihren Verdienstausfall durch den Verkauf fabrikgefertigter Ware ausgleichen wollten, scheiterten bereits daran, daß ihre Werkstätten schlecht gelegen und unansehnlich waren. Ihre Fenster konnten dem Passanten bestenfalls signalisieren, daß hier ein Klempnerei ansässig war.

Auch auf dem Gebiet der Lampenfertigung entwickelte sich ein völlig neuer Markt, an dem der Werkstätter alter Art nicht mehr partizipierte. Mit Einführung der Petroleumbeleuchtung Ende der 70er Jahre wuchs auch das Bedürfnis nach einer besseren Beleuchtung. Dieses Interesse half den bestehenden Gasanstalten, ihren Kundenkreis erheblich zu erweitern. Die moderne Gasbeleuchtung brachte viele technische Neuerungen, denen ein Großteil der Kleinbetriebe nicht gewachsen war. Andererseits führte dies zu einer deutlichen Arbeitszunahme auf dem Gebiet der Gasinstallation. Auch die zentrale Wasserversorgung wurde in den Städten unaufhaltsam vorangetrieben. Da die Anschlüsse zumeist noch aus einfachen Laufbrunnen bestanden, waren die Installationsabteilungen der Gas- und Wasserwerke in jenen Jahren mit dem ständigen Ausbau der Rohrleitungsnetze beschäftigt. Neue Anschlüsse bedeuteten für das Handwerk neue Tätigkeit. Hierdurch entstanden Spezialfirmen für Gas- und Wasserinstallationen, die wegen ihres Umfangs bald zu den Mittel- und Großbetrieben zu rechnen waren. Diese Entwicklung wurde von den Versorgungsunternehmen unterstützt, indem sie sich Vertragsunternehmen heranzogen, die mit den Hausinstallationen beauftragt wurden.

Visitenkarte eines Klempners, um 1900. Der Tätigkeitsbereich dieses sächsischen Betriebes hatte sich von der Herstellung mittlerweile auf den Verkauf und die Montage verlagert.

Inmitten von Kaiserbüsten, Blechblasinstrumenten, Schwarzwälder Majolika, Badewannen, Badeöfen und Sanitärarmaturen. Die Postkarte, abgestempelt 1905 in Freiburg, zeigt den Ausstellungsraum eines großen Haushaltswarengeschäftes.

Getrübt wurde die Freude über das neue Arbeitsgebiet allerdings durch die Tatsache, daß der Großhandel mittlerweile dazu übergegangen war, ohne Rabattdifferenzierung auch an Privatpersonen zu liefern. Das Handwerk verlor dadurch seine Risikoprämie. Wenn bei der Installation etwas zerbrach oder eine Anlage erst nach mehrmaligem Nachbessern funktionierte, schloß der Handwerker den Auftrag mit deutlichem Verlust ab.

Große Spezialbetriebe hatten die Möglichkeit, ihre Fachleute schulen zu lassen, um sie mit den ständigen Neuerungen auf dem Gebiet der Installation vertraut zu machen. Die Mehrkosten hierfür konnten diese Unternehmen ausgleichen, indem sie untergeordnete Tätigkeiten durch angelerntes Hilfspersonal ausführen ließen. Eine solche Möglichkeiten hatten die Kleinbetriebe in der Regel nicht. Auch waren die Großen den Kleinen durch eine bessere innerbetriebliche Organisation überlegen. Eine strikte Trennung zwischen

Werkstatt- und Bauplatzbetrieb brachte den Großbetrieben erhebliche Vorteile in der Auftragsabwicklung.

Der an Verzierungen reiche Baustil der deutschen Renaissance forderte vom Blechner weit mehr als nur die Herstellung und Verlegung einfacher Rinnen und Rohre. Man schmückte die Gebäude durch Blechgesims und in Blech getriebene Verzierungen. Ein gewöhnliches, dreistöckiges Wohnhaus mit sechs bis acht Zimmern pro Etage brachte dem Klempner der 90er Jahre Blecharbeiten im Wert von 700 bis 800 Mark. Für Installationsarbeiten konnten nochmals 200 bis 300 Mark hinzugerechnet werden. Bei aufwendigen

Nr.	Gegenstand	Einheit	Mark	Mark
1	Halbrunde Dachkanäle von Zinkblech Nr. 11, 25 cm Abwickl.	lauf. m	1,80	1,50
2	= = = = = 13, 33 =	= =	2,30	2,20
	Zuschlag für Wassernase	= =	0,30	—
3	Profiliert. Simakanal mit Wassernase von Zinkblech Nr. 14	= =	4,50	4,—
4	Abfallröhren mit Schwanenhals und Winkeln, sowie Wulsten über den Rohrschellen 87 cm weit, Zinkblech Nr. 11 (Kanaleisen und Rohrschellen werden besonders berechnet)	= =	1,85	1,50
5	First- und Gratblech von verzinktem Eisenblech Nr. 22 33 cm breit	=	1,80	1,70
	Verzinkte Übereisen mit Firstnägeln u. Bleilaschen zu 5	Stück	0,30	0,15
6	Kehlblech mit Wasserfalz aus verzinktem Eisenblech Nr. 22, 33 cm breit	lauf. m	1,80	1,70
7	Seiten- und Ortgangblech Nr. 12, 25 cm breit	= =	1,80	1,50
8	Oberlicht- und Kamineinfassung von Zinkblech Nr. 12	qm	5,50	4,30
9	Abdeckung von kleinen Dachflächen, Dachanschlüssen und Verkleidungen von Zinkblech Nr. 12	=	6,50	4,50
10	Dachfenster zum Aufstellen, 45 auf 60 cm groß, samt Verglasung und Anmachen	=	13	11
11	Aussteigladen mit Holzrahmen, 45/54 cm, samt Deckel von verzinktem Eisenblech und Anmachen	=	10	8
12	Dunstrohr mit Dachscheibe und Hut aus Zinkblech	kg	1,25	1,20
13	Wassersteinsiphon aus Blei- oder Zinkguß	Stück	6.50	4,80
14	Einfassung von Spülsteinen u. s. w.	qm	7,25	6
15	Kaminputztürchen von Eisenblech samt Anstrich	Stück	3,25	2,80
16	Ofenröhren mit Bogen, Winkeln und Futterröhren	kg	0,90	0,80
17	Bodenschutzblech vor Öfen	=	0,80	0,60
18	Arbeitslohn für einen Gesellen	Stunde	0,50	0,50

Nebenstehende Tariftabelle gibt eine Übersicht über auf der Baustelle anfallende Blechnerarbeiten und die Preisgestaltung um 1894. In der ersten Preisspalte stehen die Preise, wie sie die Karlsruher Blechner- und Installateurinnung 1891 ihren Mitgliedern empfahl und wie sie von Großbetrieben angestrebt und auch erzielt wurden, in der zweiten Preisspalte die von einem Kleinbetrieb erreichbaren Preise.

Beschreibung	Durchmesser lf.m, Stck.	empf. Preis der Innung in Mark	Klein-betrieb in Mark
Wasserleitung:			
1. gerades schmiedeisern. Rohr galvanisiert, laufend. Meter	26 mm	2,00	1,60
2. Bogen pro Stück	26 mm	1,00	1,20
3. T-Stücke pro Stck.	26 mm	0,90	0,70
4. ovale Flansche pro Paar	26 mm	1,50	1,20
5. Rohrschellen pro Stück	26 mm	0,40	0,40
6. Hähne pro Stück	13 mm	3,00	2,30
Gasleitung:			
1. schmiedeeisernes Rohr, schwarz, laufend. Meter	20 mm	1,20	1,10
2. schmiedeeisernes Rohr, schwarz, laufend Meter	10 mm	0,75	0,70
3. Bogen pro Stück	10 mm	0,30	0,40
4. T-Stücke pro Stück	10 mm	0,25	0,30
5. Haupthähne aus Messing	20 mm	4,00	4,50

Quelle: Hofmann: Voigt, Andreas. Das Kleingewerbe in Karlsruhe. 1895.

Privatbauten erforderte das Gießen von Zinkornamenten und deren Befestigung an Mansardengiebeln und Türmchen als Mauerbekrönung und Firstverzierung zusätzliche Arbeit. Industrieneubauten wurden häufig vollständig mit verzinktem Eisenblech gedeckt. Entsprechend der wachsenden Auftragsvolumen entstanden auch auf dem Gebiet der Bauklempnerei Spezialbetriebe, deren Werkstätten mit größeren und besseren Maschinen ausgestattet waren. Auch hier wurde kostengünstig mit ungelernten oder angelernten Arbeitskräften gefertigt.

In den 80er Jahren hatte sich das Haupttätigkeitsgebiet der Klempnereien nahezu vollständig auf die Baustellen verlagert. 1882

waren 98% aller Betriebe mit 77% der Beschäftigten im Baubereich tätig. Das ehemalige Produktionsgewerbe hatte sich zum Anbringungsgewerbe entwickelt.

An Tätigkeit mangelte es dem Bauklempner der damaligen Zeit nicht. Die Betriebe klagten vielmehr über das stetige Fallen der Preise, das seine Ursachen im gegenseitiges Unterbieten bei Ausschreibungen hatte. Insbesondere Klein- und Familienbetriebe mußten sich mit ihren Preisangeboten den Grenzen des Existenzminimums nähern, um mit den technisch und personell besser gestellten Großbetrieben konkurrieren zu können. Der Meister eines Karlsruher Kleinbetriebes konstatierte somit zu Beginn der 90er Jahre: *"Würden wir nicht billigere Preise machen als die Großmeister, die überall voran sind, dann würden wir nichts zu tun haben."* Nicht selten war es der Fall, daß sich größere Unternehmen Aufträge sicherten und diese gegen Provision an kleine Handwerksbetriebe weitergaben. Diese waren dadurch gezwungen mit möglichst vielen Lehrlingen billigst zu produzieren. Auf andere Weise waren die Preisdiktate nicht zu halten. Ein deutlicher Rückgang der Produktqualität war zwangsläufig die Folge.

Werbung für Badeapparate in einer Tageszeitung 1881.

Fortschritt durch Solidarität und Bildung

Die Kehrseite der preußischen Gewerbefreiheit, oder 'Gewerbefrechheit', wie die Handwerker sagten, war, daß mit ihr jegliche Beschäftigungs- und Qualitätsgarantien, wie sie die Zünfte zuvor geboten hatten, nichtig waren. Vor allem war eine qualifizierte Ausbildung des Nachwuchses in Frage gestellt, da nun allgemeine Ausbildungs- und Prüfungskriterien fehlten. Dies machte sich bereits nach wenigen Jahren in Form nachlassender Handwerksqualität bemerkbar. Die ehemals zünftigen Handwerksmeister litten darunter, daß ihnen Gesellen und Berufsunkundige fortan mit Billigpreisen 'ins Handwerk pfuschten'. Um sich von den ungelernten Kleinunternehmern abzugrenzen, gründeten einzelne Berufsgruppen lokale Handwerkerzusammenschlüsse, wie z.B. 1844 den 'Berliner Handwerkerverein'. Diesem gehörten bereits zwei Jahre nach seiner Gründung neben 94 Meistern auch eine größere Zahl Gesellen an. Der Selbsthilfeverein, der nach seiner Satzung die Armut der Handwerker mildern und diese durch Fortbildung fördern wollte, stand unter dem Protektorat des preußischen Königs. Als die Statuten des Vereins jedoch allzu demokratisch ausfielen, wurden seine Aktivitäten bis zur Handlungsunfähigkeit eingeschränkt. Nach fünfjährigem Bestehen wurde der Verein als politische Vereinigung verboten.

Die "Allgemeine Gewerbe-Ordnung vom 17. Januar 1845" dehnte die Gewerbefreiheit auch auf die von Preußen 1815 erworbenen Landesteile aus. Die neue Gesetzgebung erlaubte erstmals wieder die Bildung neuer Innungen, falls sich hierfür mindestens vierundzwanzig Personen fanden, die das Gewerbe wenigstens ein Jahr lang selbständig betrieben hatten oder früher Mitglied einer zünftigen Innung gewesen waren. Die neue Regelung wurde mit geringen Änderungen Vorbild für die Gewerbeordnung des Norddeutschen Bundes. Sie trat 1869 in Kraft, und bis 1872 schlossen sich ihr auch die süddeutschen Länder an.

Erst mit der 'Verordnung, betreffend die Errichtung von Gewerberäthen und verschiedenen Abänderungen der allgemeinen Gewerbe-Ordnung von 9. Februar 1849' wurden in Preußen, auch von staatlicher Seite, wieder Zulassungsprüfungen für Handwerker verlangt. Die allgemeinen Prüfungsbedingungen und die Arbeitsverhältnisse von Lehrlingen und Gesellen wurden per Gesetz geregelt und es wurden besondere Bestimmungen für Unterstützungskassen und Innungsgebühren eingeführt. Wollte sich fortan ein Handwerker selbständig machen, galt § 23. Der Gesetzestext lautete: *"Den nachstehend benannten Handwerken ist fortan der Beginn des selbständigen*

Klempner- und Installateur-Lehrlinge, 1910.

Gewerbebetriebes nur dann gestattet, wenn sie entweder in eine Innung, nach vorgängigem Nachweise der Befähigung zum Betriebe eines Gewerbes, aufgenommen sind, oder diese Befähigung vor einer Prüfungskommission ihres Handwerks besonders nachgewiesen haben. ..." Der Zulassungsparagraph galt für die meisten Berufe und führte dreiundsiebzig Handwerke und Berufsgruppen namentlich auf, hierunter auch den Klempner und den Spengler. Bei der ebenfalls wieder neu eingeführten Gesellenprüfungen war die Anfertigung eines berufstypischen Gegenstandes nach eigener Zeichnung gefragt. In Berlin hatte der Klempnerprüfling die Wahl zwischen einer Dokumentenschatulle, einer Puddingform, einer Kaffeebüchse, einer viereckigen oder zylindrischen Laterne, einem Teekessel mit Dreifuß oder einer Kaffeemaschine. Für die Meisterprüfung war ebenfalls wieder die Anfertigung eines Gegenstandes obligatorisch. Zur Wahl standen hier eine sechseckige blecherne Gaslaterne, eine Öllampe mit getriebenem Messingknopf oder Handelsgegenstände wie Serviertabletts, Dokumenten- oder Zuckerkästen, Vogelkäfige aus Weißblech, Messing oder Tombak. Der Kandidat mußte hierzu Grundriß, Seitenansicht und Aufriß des eingereichten Gegenstandes zeichnen und einen exakten Kostenvoranschlag mit Flächen- und Rauminhaltsberechnungen vorlegen.

Fabrikanten waren bei ihrer Geschäftseröffnung von der Pflicht zur Zulassungsprüfung ausgenommen. Die Grenzen zwischen Handwerk und Fabrik waren fließend. Bereits ab einer Belegschaftsgröße von fünf oder zehn Arbeitern konnten Betriebe als Fabrik betrachtet werden. Während der Gewerbezählung von 1875 waren die Beamten besonders dazu angehalten, auch Handwerksbetriebe mit weniger als fünf Gehilfen, sobald diese mit Motoren arbeiteten, als Fabrik zu zählen.

Am 1. Mai 1854 legt die Berliner Deputation für Gewerbe- und Niederlassungsangelegenheiten die tägliche Arbeitszeit für Gesellen, Gehilfen und Lehrlinge in 27 Berufen fest, darunter auch im Klempnerhandwerk. Fortan dauert ein Arbeitstag im Sommer wie im Winter von 6 Uhr morgens bis 19 Uhr abends.

Die nationale Begeisterung, die 1871 nach dem Sieg über Frankreich und der Gründung des Deutschen Reichs folgte, ließ auch

Die Deutsche Fachschule für Blecharbeiter in Aue im Erzgebirge.

beim Blechnerhandwerk den Wunsch nach einer gesamtdeutschen Berufsvereinigung entstehen. Dies auch, um sich von der ungelernten Konkurrenz durch eine größere handwerkliche Kompetenz abzugrenzen. 1872 kam es zur Gründung des gesamtdeutschen Fachorgans 'Deutsche Blätter für Blecharbeiter' in Ludwigsburg. 1873 wurde in Frankfurt am Main, aus den Reihen der Handwerker heraus, der nationale 'Verein deutscher Blecharbeiter' ins Leben gerufen, der die wirtschaftlichen und sozialen Interessen des Berufsstandes festigen sollte. Für die Nachwuchsausbildung wurde eine für alle fünfundzwanzig deutschen Einzelstaaten gültige Ausbildungsordnung gefordert sowie gemeinsame Lohn- und Arbeitszeitforderungen gegenüber den Arbeitgebern festgelegt. 1875 organisierte der Berufsverband in Kassel die erste gesamtdeutsche ‚Klempner-Fachausstellung'.

In der Ausgabe Nr. 3 der ‚Deutschen Blättern für Blecharbeiter' von 1873 hatte der Elbinger Klempnermeister Henning die Gründung einer gesamtdeutschen Fachschule für das Blecharbeitergewerbe gefordert. Zur Behandlung des Antrags auf dem im März stattfindenden Verbandstag in Frankfurt a. Main kam es jedoch aus Zeitmangel nicht. Erst im September 1875 kam das Thema anläßlich der Fachausstellung in Kassel zur Sprache. Bereits einen Monat zuvor hatte der Blechbearbeitungsmaschinen-Hersteller Erdmann Kircheis mit einer Eingabe an das sächsische Innenministerium die Initiative zur Gründung einer Berufsfachschule für das Klempnerhandwerk ergriffen. In seinem Schreiben an den Minister legte er dar, wie vorteilhaft gerade der Standort Aue für eine solche Schule sei. Das Ministerium sagte sowohl Geldmittel als auch die Beteiligung des Landes an der Verwaltung der Schule zu. Die Stadt Aue stellte einen geeigneten Bauplatz zur Verfügung. Die 'Deutschen Blätter für Blecharbeiter' riefen die Betriebe zur Leistung von freiwilligen Beiträgen und zum Kauf von unverzinslichen Anteilscheinen im Wert von 10 Mark zur Finanzierung der Schule auf. Schon zum Ende des Jahres war die Spendensumme auf 31.000 Mark angewachsen. Das Ministerium stellte weitere 30.000 Mark unverzinsliches Kapital in Aussicht. Der Fabrikant Erdmann Kircheis erklärte sich bereit, den gesamten Maschinenpark und die Werkzeuge zu stellen. Im Februar 1875 konstituierte sich in Leipzig der Trägerverein. Schließlich konnte die 'Deutsche Fachschule für Blecharbeiter' in Aue am 1. Oktober 1877 ihre Pforten öffnen.

Die Schüler mußten bei ihrer Aufnahme das 16. Lebensjahr vollendet haben und *"Kenntnisse besitzen, wie sie das Ziel einer guten Volksschule bilden und mindestens zwei Jahre praktisch als Klempner gelernt haben"*. Für Schulgeld, Wohngeld und Verköstigung mußten die Eltern 1902 'bei bescheidenen Ansprüchen' ihres Sohnes 450 Mark pro Semester aufbringen. Eine Summe, die damals mehr als ein Drittel des Jahreseinkommens eines unselbständigen Klempners ausmachte. Das sogenannte kleine Handwerkszeug hatte der Schüler mitzubringen. Für 80 Mark konnte ein Kurs zum Metalldrücken belegt werden. *"Wohlerwogene Schulgesetze"*, so heißt es in einem Schulpapier, *"verlangen vom Schüler ein rüstiges Arbeiten, ein anständiges, bescheidenes Auftreten in und außerhalb der Schule und mit thunlichster Strenge wird ein gewissenhaftes Befolgen dieser Ge-*

Schülerarbeiten im Ausstellungsraum der 'Deutschen Fachschule für Blecharbeiter' in Aue.

setze überwacht...". §1 der Schulordnung lautete dann auch: *"Jeder Schüler hat ein streng sittliches, arbeitsames und geregeltes Leben zu führen."* Damit jegliche Gefahr ausgeschaltet wird liest man unter §4. *"... In einem Haus, in dem sich ein Restaurant befindet, darf in der Regel keine Wohnung bezogen werden. Der Direktor kann hierzu nur dann bedingungsweise Erlaubnis erteilen, wenn die Gewähr gegeben ist, dass der betreffende Schüler in solcher Wohnung passende Gesellschaft findet, und dass er nicht darauf angewiesen ist, in den Schankstuben sich aufzuhalten."* Das Unterrichtspensum der Schule war auf drei Halbjahreskurse verteilt. Anfangs umfaßte der Unterricht Deutsch, Arithmetik, Physik, Geometrie, Technologie, Buchführung, Modellieren, Kunstgeschichte, Freihand- und geometrisches

Zeichnen. Die Entwicklung der Lerninhalte, wie sie sich in den folgenden Jahrzehnten vollzog, macht den Wandel des Berufes vom Handwerker zum Industrieblechner und zum Installateur deutlich.

Bei Eröffnung der Schule beschränkte sich der praktische Unterricht auf die Herstellung sogenannter Laden- und kunstgewerblicher Produkte. Es waren die traditionellen Küchen- und Gebrauchsgegenstände aus Weiß- und Schwarzblech, Zink, Kupfer, Messing und Neusilber. Als berufstypische Arbeiten am Bau wurden Wetterfahnen, Dachspitzen, Zinkornamente und Badewannen hergestellt.

- Anfang der 90er Jahre wurde die Gas- und Wasserinstallation, die bis dahin lediglich am Rande und theoretisch behandelt wurde, in den praktischen Werkstattunterricht einbezogen.
- 1897 wurde ein eigener Installationsraum eingerichtet. Die Schüler erlernten hier in Detailarbeiten die Installationstechnik. Die Gesamtzusammenhänge innerhalb kompletter Hausanlagen, Badeeinrichtungen und Toilettenanlagen wurden theoretisch behandelt.
- Etwa zur gleichen Zeit kamen Elektrotechnik, Praxisunterricht im Blitzableiterbau sowie Haustelegraphen- und Fernsprechinstallationen hinzu. Die Schüler sollten kleinere Elektroinstallationen selbst anfertigen und Preisangebote hierfür abgeben können.
- 1897/98 richtete die Schule in einem separaten Anbau eine für die damalige Zeit aufwendige Elektroanlage mit einer 110 Volt 30 Ampere Dynamomaschine ein. Die Anlage erhielt zwei Hauptstromkreise und mehrere Sekundärschalttafeln, von denen mehrere Lichtstromkreise für Installationsübungen ausgingen.
- Mit der Jahrhundertwende erhielt die Sanitärinstallation größeres Gewicht. 1900 entstand für Übungen im Sanitärbereich der 'Große Lehrsaal'. Hier ließ sich die komplette Gas- und Wasserinstallation eines einstöckigen Wohnhauses, einschließlich der Kellerräume, simulieren. Es war ein Kanal für Rohrverlegungsarbeiten, Schleusen und Kläranlagen vorhanden, für Übungszwecke gab es eine komplette Niederdruck-Dampfheizung, Warmwasserbereitungsanlagen, Brunnen- und Widderanlagen, Badezimmer, Klosetts, komplette Waschanlagen und Verteiler für Wasser, Gas und Elektrizität.
- Parallel erhielt die Blechnerklasse eine große Tiefziehpresse und eine große Drückbank zum Planieren von Gefäßwandungen. Die Schü-

ler sollten damit einen Einblick in die industrielle Geschirr- und Topffertigung erhalten.
• 1913 wurde ein Kunstgewerbelehrer für kreatives Zeichen und Entwurfstechniken eingestellt.
• Mit Beginn des Sommersemesters des Kriegsjahres 1915 stand als Neuerung die Präge-, Zieh- und Stanztechnik und der Vorrichtungsbau auf dem Stundenplan.

Diese Entwicklung macht deutlich, wie und in welchem Zeitraum sich der Handwerksberuf des Klempners auch außerhalb der Schule durch eine Vervollkommnung der blechverarbeitenden Maschinen aufgespalten hatte. Während auf der einen Seite der hochspezialisierte Beruf des Industrieklempners entstand, entwickelte sich aus dem Zweig des Bau- und Architekturklempners der Fachmann für Gas- und Wasserinstallation und sanitäre Einrichtungen, aber auch der Elektroinstallateur.

Die gut ausgestatteten Räume der Klempnerei und Metalldrückerei der Fachschule in Aue.

Die Installationswerkstatt der Fachhochschule für Blecharbeiter in Aue.

Die Auer Schule für das Blechhandwerk wurde über die Landesgrenzen hinaus bekannt. Sie wurde von Schülern aus ganz Europa, Rußland und dem nahen Osten und sogar aus Neuseeland und den USA besucht. Veröffentlichungen der an der Schule tätigen Lehrer prägten den Beruf und dienten als Grundlage für den Unterricht an freiwilligen Sonntags- oder Abendschulen der Innungen.

1881 wurden in Deutschland die Aufgaben und die Organisation von Innungen per Gesetz neu geordnet. Entscheidend für das Handwerk wurde dabei das neue 'Handwerkerschutzgesetz', das 1897 in Kraft trat. Es forderte die freie Bildung von Innungen und schuf mit neu zu gründenden Handwerkskammern erstmals wieder gesetzliche Vertretungen für die Interessen des Handwerks. Die Innungen wurden, in Anlehnung an die Zünfte, als öffentlich-rechtliche Körperschaften eingerichtet. Neben den freien Innungen wurden auch fakultative Zwangsinnungen möglich. Die beteiligten Handwerker konnten selbst bestimmen, ob freiwillige Mitgliedschaft oder allgemeiner Zwang gelten sollte.

1908 wurde per Gesetz der 'Kleine Befähigungsnachweis' eingeführt. Jetzt durften nur noch anerkannte Meister Lehrlinge ausbilden. Gesellen- und Meisterprüfungen waren Sache der Innungen geworden. Mit finanzieller Hilfe der Betriebe entstanden in größeren Städten berufskundliche Unterrichtsmöglichkeiten. Sie boten Lehrlingen und Gesellen die Möglichkeit, sich in freiwilligen Abendkursen auf die steigenden Anforderungen in ihrem Beruf vorzubereiten. 1906 wurde in der Berliner Fachschule eine Installationsabteilung eingerichtet. Die 'Deutsche Fachschule für Blecharbeiter' in Aue war für die neuen Berufsfachschulen das Vorbild.

Sanitärinstallations- und Versuchsraum der Fachschule für Blecharbeiter.

Lebensbedingungen der Klempner und Installateure Anfang des 20. Jahrhunderts

Abb. oben: Klempnermeister Hartmann in seiner Werkstatt. Der Handwerker fertigt am Sperrhaken einen Eimer aus verzinktem Blech. Die Fotografie stammt vermutlich aus den Jahren um 1920–1930.

Das Jahrzehnt bis zum Ausbruch des Ersten Weltkriegs war in Deutschland von einem gesamtwirtschaftlichen Aufschwung geprägt. Die zentrale Gas- und Wasserversorgung machte weitere Fortschritte. Die privaten Wasseranschlüsse und die Zahl der Privatbäder und Badeanstalten nahmen deutlich zu. Mit der Verbreitung der Zentralheizung wurde dem Klempner ein weiteres Betätigungsfeld am Bau eröffnet.

Die modernen Heizungssysteme, die zu Beginn besonders in öffentlichen Gebäuden und Fabrikanlagen Verbreitung fanden, hatten jedoch meist einen solchen Umfang, daß ein kleinerer Handwerksbetrieb mit seinen beschränkten Betriebsmitteln diesen Aufgaben alleine nicht gewachsen war. Ein Großteil der Werkstätten überließ die Projektierung solcher Anlagen daher den Fabrikanten und führte die Installation nach den gelieferten Plänen aus. Die betreffenden Handwerker gerieten hierbei in eine solche Abhängigkeit von den Fabriken, daß bei ihnen kaum noch von selbständigen Unternehmen gesprochen werden konnte.

Auch der starke Aufwärtstrend bei der Nutzung von Gasenergie zu Heizzwecken brachte dem Beruf kaum Vorteile. Denn hier fand lediglich eine Verlagerung zu Ungunsten des Gasverbrauchs für Leuchtzwecke statt, die immer mehr durch die neue Elektrizität abgelöst wurde. Dieser Verlust bewog die Versorgungsunternehmen, sogenannte Werksläden zu eröffnen. Dadurch wurde der Umsatz der Ladengeschäfte des Handwerks erheblich gedrosselt. Direktlieferungen von Gasgeräten an Architekten, Bauunternehmen und Handwerker drängten den Handwerksmeister als selbständigen Unternehmer immer mehr an den Rand. Erschwerend kam hin-

Installateure auf der Baustelle.

zu, daß die Gas- und Wasserwerke, um ihre Kunden stärker an sich zu binden, auch ihre Installationsabteilungen weiter ausbauten. Ihr Hauptinteresse galt dabei in erster Linie dem ‚Objektgeschäft‘, bei dem sie die freien Handwerker mit Dumpingpreisen weitgehend ausschalten konnten. Den starken Einfluß der Energieproduzenten auf die Auftragslandschaft belegt eine Untersuchung, die der Westdeutsche Verband selbständiger Installateure 1907 veröffentlichte. Danach waren 364 von 390 kommunalen Gasanstalten dazu übergegangen, selbst zu installieren. Bei den Wasserversorgungsunternehmen waren die Übergriffe nicht ganz so dramatisch. Trotzdem führten hier 199 von 359 Wasserwerken bei den Abnehmern die Installationen selbst aus.

Der selbständige Handwerker stand diesen Übergriffen ohnmächtig gegenüber. Meist fehlte es ihm schon an den erforderli-

Dies Bild zeigt vermutlich den Installationstrupp einer städtischen Wasserversorgung zu Beginn dieses Jahrhunderts.

chen Betriebsmitteln, um gegen die Großbetriebe anzukämpfen. Allein die Anschaffung von Autogenschweißgeräten, ohne die manche Verrohrungsarbeiten gar nicht ausgeführt werden konnten, überstieg bei vielen Kleinbetrieben die finanziellen Möglichkeiten. An die Anschaffung von Hilfsmaschinen war hier noch viel weniger zu denken.

Der Deutsche Metallarbeiter-Verband führte 1907 erstmals eine statistische Erhebung über die Lohn- und Arbeitsverhältnisse der Bauklempner und Installateure durch. Das Ergebnis dokumentierte die damalige Situation des Handwerks. 1895 waren 92% aller Betriebe kleine Handwerksbetriebe, die 66% aller im Gewerbe Tätigen beschäftigten. 1907 hatte sich die Zahl der Handwerker in den kleinen Werkstätten, bei gleicher Betriebszahl, auf 48% verringert. Die Mitarbeiterzahlen bei Großbetrieben hatten entsprechend zugenommen. Auch war die Zahl der Unternehmen, die Hilfsmaschinen einsetzten, sprunghaft angestiegen.

In 247 Gemeinden wurden vom Verband 2.476 Betriebe befragt, in denen 7.274 Bauklempner, 3.644 Installateure, 1.737 Hilfsarbeiter, 2.606 Lehrlinge und 401 Laufburschen arbeiteten. Zu dieser Zeit waren in Deutschland insgesamt etwa 40.000 Klempner und Installateure beschäftigt. Darüber hinaus arbeiteten Zehntausende von Fabrikklempnern in Industriebetrieben, wie Laternen-, Lampen-, Spielwaren- und Sanitärfabriken.

Postkartenmotiv um 1910.

Die Statistik kannte zwar den Unterschied zwischen Klempner und Installateur, bewertete jedoch beide Berufsrichtungen gemeinsam. Hierzu hieß es: *„Da in dem weitaus größten Theile der Betriebe Bauklempnerei und Installation zusammen betrieben wird, ist es nicht möglich, eine genaue Grenze zu ziehen, wie viele Personen ausschließlich als Bauklempner und wie viele als Installateure beschäftigt sind."*

Während der Bausaison waren in den einzelnen Betrieben im Schnitt vier Personen beschäftigt. Da im Winter die Bautätigkeit ruhte, wurde einem großen Teil der Arbeiter zum Saisonende gekündigt. In Großstädten zählte die Statistik im Schnitt ein bis zwei Klempnereien, die sie als 'angehende Großunternehmen' bezeichnete. Feste Arbeitszeiten oder Tarifverträge waren damals die Ausnahme. 53%

Banner der Flaschner- und Installateur-Innung Stuttgart, 1904.

aller Befragten arbeiteten pro Tag 10 Stunden und mehr. 24% 9,5 Stunden, während 23% aller Erfaßten nur 9 Stunden oder weniger beschäftigt waren. Bemerkenswert ist, daß 7,6 % der damals erfaßten Betriebe ihren Beschäftigten 10,5 bis 12 Stunden Arbeitszeit täglich, einschließlich Samstag, abverlangten. 300 Arbeitstage im Jahr waren die Norm, bezahlter Urlaub oder gar Weihnachtsgeld unbekannt.

Für die lange Arbeitszeit gab es lediglich einen Hungerlohn. 1906 belief sich das Jahreseinkommen der Klempner im Durchschnitt auf 1.050 Mark. Dies entsprach einem Stundenlohn von 35 Pfennigen. Erfahrene, ausgelernte Gesellen wurden in kleineren Landgemeinden bei einem elfstündigen Arbeitstag teilweise sogar mit nur 20 Pfennigen pro Stunde entlohnt. Der Entlohnung standen folgende Lebensmittelpreise gegenüber: 1 Pfund Butter kostete 1,20 Mark, das Kilogramm Rind- oder Schweinefleisch 1,55 Mark, ein Kilogramm Weizenmehl 40 Pfennige. Zeitgenössische Untersuchungen haben ergeben, daß eine vierköpfige Arbeiterfamilie allein für die Ernährung 1.169,52 Mark im Jahr aufbringen mußte. Genußmittel wie Tabakwaren, Bier, Wein oder Most waren hierbei nicht enthalten. Für Wohnungsmiete, Kleidung, Arzt, Apotheke, Versicherungs- und Vereinsbeiträge, Schulgeld und Steuern mußte mit weiteren 430 Mark gerechnet werden. Diese Summe war bereits sehr niedrig angesetzt, da die Jahresmiete für eine Dreizimmerwohnung mit 340 Mark zu Buche schlug. Laut der vorliegenden Untersuchung mußten sich damals rund 11% der Klempner- und Installateurfamilien mit einer einfachen Einzimmerwohnung begnügen. 79% aller Berufsangehörigen lebten in Zweizimmerwohnungen, einige mußten sich als Schlafgänger in fremden Haushalten einmieten. Dies bedeutete, daß der Handwerker lediglich ein Bett für die Nacht hatte. Tagsüber hatte er seine Schlafstelle zu verlassen.

Da der Beruf die notwendigen Mittel zum Bestreiten des Lebensunterhaltes nicht abwarf, litt ein großer Teil der Familien an Unterernährung. Arbeitsunfälle, Krankheiten und unbezahlte Arbeitslosigkeit bewirkten ein übriges. Laut Statistik lebten in den Jahren 1905/06 89,1% aller unselbständigen Klempnerfamilien in akuter finanzieller Not.

Der deutsche Metallarbeiterverband verbuchte es damals bereits als großen Erfolg, daß in wenigen Großstadtbezirken tariflich 35 bzw. 40 Pfennige Lohn pro Stunde für gelernte Installateure und Klempner festgelegt werden konnte.

Die Arbeitsbedingungen in den Werkstätten waren aus heutiger Sicht katastrophal: *„Als Heizung dient in sehr vielen Fällen der Lötofen, als Ventilation offene oder zerschlagene Fenster, als Waschgelegenheit dient irgend ein altes Blechgefäß usw. Die sanitären Einrichtungen in den Klempnereien lassen vielfach alles zu wünschen übrig."* Sicherungsmaßnahmen am Bau betrachteten die Unternehmer häufig als zum Fenster hinausgeworfenes Geld. Ein Antrag der Magdeburger Innung an das Reichsversicherungsamt, daß bei Arbeiten an Dächern über 30 Grad Neigung Schutzgerüste vorzuschreiben seien, wurde von den Handwerksvertretern mit fadenscheinigen Begründungen abgeschmettert. Häufig fehlten die primitiv-

Festwagen der Berliner Klempner 1913.

Gesellenbrief des Verbandes deutscher Klempner- und Installateur-Innungen für den Leipziger Klempner Rudolph Foster, um 1910-1920.

sten Schutzvorrichtungen. Aus zahlreichen Betrieben wurde berichtet, daß für Dacharbeiten weder Gurte noch Sicherungsleinen vorhanden waren. Hierauf angesprochen, argumentierten die Kleinunternehmer meist mit der berufsmäßigen Sicherheit eines tüchtigen Arbeiters. *„Das wäre immer so gewesen, ewig könne doch der Mensch nicht leben"* wurde als schlagendes Argument angeführt.

Für das betriebseigene Handwerkszeug wurden nicht selten Kautionssummen vom Lohn einbehalten. Überstunden wurden, wie in den anderen Bauberufen auch, als selbstverständlich angesehen und erwartet. Bezahlt wurden sie jedoch nur von etwa einem Drittel aller befragten Betriebe.

Abb. links: Besonders die universell verwendbare und mit einem gelungenen Marketingkonzept vertriebene Wellenbadschaukel sollte stark zur Verbreitung einer eigenen Badegelegenheit „zu Hause" beitragen. Werbepostkarte um 1905.

Abb. unten: Waschtoilette mit Wasseranschluß für die Installation im Schlafzimmer. Katalogdarstellung um 1907.

Die Sanitärinstallation setzt sich durch

Ende des 19. Jahrhunderts begann die Ärzteschaft verstärkt bessere Hygienebedingungen für die arbeitende Bevölkerung zu fordern. In der Folge entstanden in den Städten öffentliche Bade- und Wascheinrichtungen sowohl für die Körperhygiene, als auch für die Wäsche. Das wohlhabende Bürgertum orientierte sich an den privaten Hausbädern der Briten. Man versuchte die komfortablen englischen Einrichtungen den bescheidenen deutschen Wohnverhältnissen anzupassen. Zunächst kamen auf dem Kontinent transportable oder zusammenfaltbare Badewannen beziehungsweise Zimmerduschen ohne festen Wasseranschluß zum Einsatz. Feste Einbauten hatten ihren Platz in Schlaf- oder Ankleidezimmern. Fehlte es in der Wohnung an Raum, so bestand in vielen Städten die Möglichkeit, Blechwannen für eine bestimmte Zeit auszuleihen. Die

Bademöbel wurden von Trägern ins Haus gebracht. Selbst der deutsche Kaiser Wilhelm II. machte von diesem Angebot regelmäßig Gebrauch, da die Einrichtungen des Berliner Schlosses nicht genügend Komfort hatten. Wilhelm ließ sich nicht nur die Wanne, sondern auch gleich das warme Wasser aus einem nahe dem Berliner Schloß gelegenen Hotel herbeischaffen.

In den Wohnungen der Bürger mußte für gelegentliches Baden der einzige Wasserhahn in der Küche oder die Etagenpumpe ausreichen. Die Wanne wurde mittels frei verlegtem Schlauch oder Eimern gefüllt. Heißes Wasser bereitete man im Becken des Küchenherdes oder auf der Herdplatte. Badetag für die Familie bedeutete stets Großeinsatz für das Dienstpersonal.

Von alters her war der übliche Standort für die Waschgelegenheit der Schlafraum. Hier hatten die obligatorische Waschschüssel aus Steingut sowie ein Henkelkrug mit Wasser auf einer Kommode ihren festen Platz. In Kleinwohnungen mußte die Wohnküche für die Körperhygiene herhalten. In den Einzimmerbehausungen der einfachen Arbeiter, die ohne eigenen Wasseranschluß, oft mit zehn und mehr Personen belegt waren, fand Körperwäsche nur zu besonderen Anlässen statt. Als man in bürgerlichen Häusern die ersten fest installierten Waschgelegenheiten einrichtete, folgte man der Tradition und wählte als Standort wieder das Schlafzimmer. Die 'Waschtoiletten' unterschieden sich anfangs kaum von den alten Kommoden, lediglich die Schüsseln waren in die Deckplatte eingelassen und besaßen einen Zu- und Ablauf. Badewannen wurden in einer umbauten Nische im Schlafraum installiert. Sie ließen sich hier leicht hinter einem Vorhang oder einer Schiebetür verbergen. Problematisch war die gängige Ablaufsituation. Geruchsverschlüsse waren weitgehend unbekannt oder man verzichtete darauf. In der Regel fehlte auch eine effektive Entlüftung der Ablaufrohre. Somit kam es häufig vor, daß Siphons, sofern sie überhaupt vorhanden

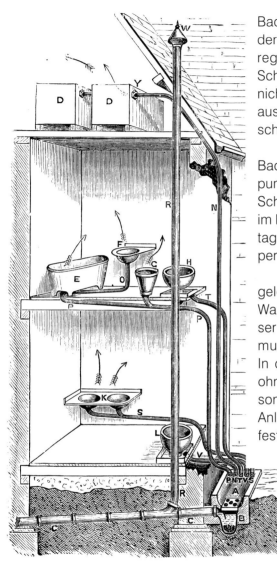

Ohne Syphons und geeignete Entlüftung der Ablaufrohre stiegen die Kanalgase über die Entwässerungsrohre in die Wohnungen auf. Die Furcht vor krankmachenden Düften führte zur Einrichtung separater Räume für Bad und WC.. Abb. aus dem Jahr 1887.

waren, durch ablaufendes Wasser leer gesaugt wurden. Vergaß der Benutzer, den Geruchsverschluß aus einer Kanne mit Wasser oder Petroleum aufzufüllen, war für die gesundheitsschädlichen Kanalisationsdämpfe der Weg in den Schlafraum frei. Die Angst vor den aufsteigenden Gasen sollte dazu führen, daß man in Deutschland ab 1910 verstärkt Wasch- und Badeeinrichtungen vom übrigen Wohnbereich trennte und zusammen mit der Toilette in einer eigenen Kammer unterbrachte. Zum Kaltwasserzulauf gesellte sich bald der einzeln stehende kupferne Badeofen, der mit Gas, Holz oder Kohle beheizt werden konnte und die Küche bei der Badewasserbereitung entlastete.

Die Einrichtung kompletter Bäder eröffnete dem Sanitärhandwerk einen völlig neuen Arbeitsbereich. Neben den rein handwerklich auszuführenden Installationsarbeiten mußte sich der Installateur nun auch mit den individuellen Geschmacksvorstellungen seiner Kunden auseinandersetzen, die ganz spezielle Formen, farbliche Varianten oder bestimmte Armaturen wünschten. Hier stieß der Kleinbetrieb sehr bald an die Grenzen seiner Möglichkeiten. Einige Meter Rohr, ein paar weitgehend genormte Fittings oder auch eine Anzahl einfacher Wasserhähne auf Lager zu halten, stellte selbst für die kleinste Werkstatt kein Problem dar. Mit der Lagerhaltung oder gar Ausstellung einer größeren Bandbreite unterschiedlicher Wannen, Waschbecken oder Toiletten waren die Handwerker von ihren Räumlichkeiten wie auch finanziell überfordert. Aus dieser Situation heraus entstand eine enge Symbiose zwischen

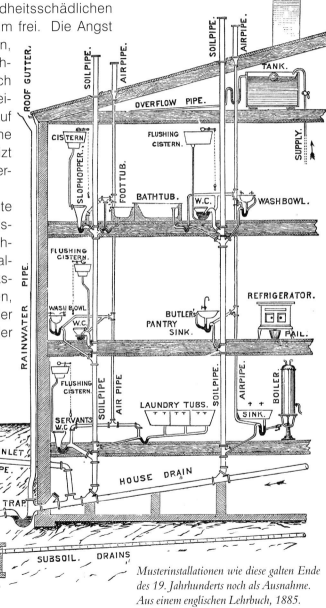

Musterinstallationen wie diese galten Ende des 19. Jahrhunderts noch als Ausnahme. Aus einem englischen Lehrbuch, 1885.

Bei der **Anlage für Niederdruck** ist darauf zu achten, dass das **Reservoir**, welches mit Schwimmerventil versehen ist, am höchsten Punkt, also über der höchst gelegenen Zapfstelle montiert wird.

Wird die **Warmwasser-Anlage** nur auf **einem** Stockwerk angelegt, so ist das **Expansionsgefäss** mit dem Reservoir in einem Stück verbunden.

Beispiel einer Komfortinstallation um 1907, mit zentraler Warmwasserversorgung über einen Wärmetauscher im Küchenherd. Katalogdarstellung.

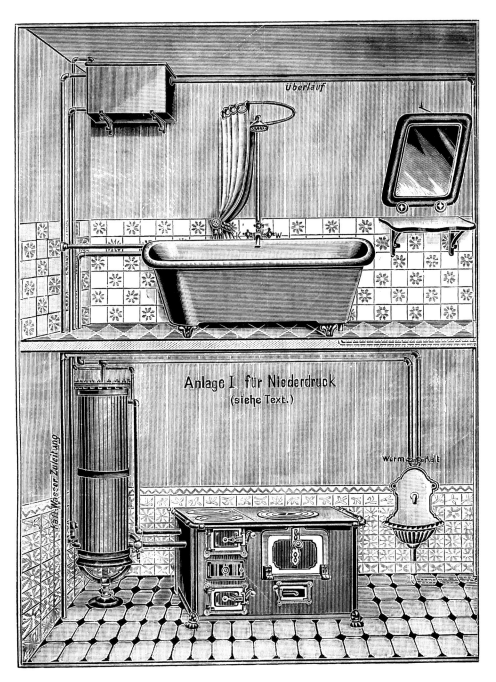

Handwerk und Handel, die heute noch im Sanitärbereich – und nur dort – ihre Gültigkeit hat: Die Lagerhaltung und Präsentation der Sanitäreinrichtungen sowie die Verkaufsverhandlungen mit dem Kunden übernahm der Grossist, die Montage der beim Großhändler georderten Waren der Installateur.

Ein weiterer Schritt in Richtung privaten Wohnkomforts war die zentral vom Küchenherd aus betriebene Niederdruck-Warmwasserheizung für das ganze Gebäude. Ebenso wie das Badezimmer kam sie zuerst in gutbürgerlichen Wohnungen zum Einsatz. Der deutsche Normalbürger schätzte sich noch bis weit in die 1930er Jahre hinein glücklich, wenn er einen Kaltwasserzulauf in der Küche sein eigen nennen und sich eine Etagentoilette mit den Nachbarn teilen konnte.

Bis zum ersten Weltkrieg umfaßte das Berufsbild des Installateurs die heutigen Aufgabenbereiche des Sanitärhandwerks und mehr: die Wasserver- und Entsorgung der Wohnungen ab Haus

Zink-Badewanne mit Kupferboden und direkter Unterfeuerung unter dem Wannenboden mit ausziehbarem Gasbrenner.

Aus dem 'Bade-Artikel Katalog' der Gebrüder Bing AG, Nürnberg 1909.

die Installation von Wasserpumpen und Filtern, die Montage sämtlicher Armaturen und Ventile, den Einbau von Gas- und Wasseruhren, die Installation privater Haus-Gaserzeugungsanlagen, den Einbau von Toilettenanlagen, Geruchs- und Wasserverschlüssen, die Montage von Waschbecken, Wannen, Gas- und Kohlebadeöfen, von Ventilationsanlagen, der gesamte weite Bereich der Gasbeleuchtung und Gasfeuerung in Küche und Haus, bis hin zum Einbau von hauseigenen Gaserzeugern. Außerdem die Montage der neu aufkommenden Zentralheizungs- und Ventilationsanlagen, die Montage von Blitzableitern, die Installation elektrischer Schwachstromanlagen für Haustelefon, Feuermelder, optische Rufanlagen und Hausklingeln. Auch für Wartung und Einbau von Bierdruckanlagen in Wirtshäusern war der Installateur zuständig. 1911/12 wurden fast 40%, 1914 sogar 64,4% aller Neubauwohnungen mit einem Bad ausgestattet. Selbst gemeinnützige Wohnungsbaugesellschaften forderten inzwischen:

"jeder Wohnung ein eigenes Bad". Das Geschäft boomte, als der Ausbruch des 1. Weltkrieges das Handwerk jäh in seiner Aufwärtsentwicklung hemmte.

Die Bautätigkeit war 1919 auf etwa 10% der Vorkriegsjahre zurückgefallen. Erst das Hauszinssteuermittel-Gesetz vom April 1924 brachte den ersehnten Umschwung. Es besteuerte das Mietaufkommen von Altbauten und versetzte die Gemeinden in die Lage, zinsgünstige Baukostenzuschüsse zu gewähren. An die Vergabe der Mittel wurde erstmals die Forderung geknüpft, in Neubauten moderne sanitäre Einrichtungen zu schaffen. Ende der 20er Jahre hatten die Neubauzahlen in Deutschland wieder das Vorkriegsniveau erreicht.

1934 wurden sämtliche Handwerkerinnungen durch die Nationalsozialisten gleichgeschaltet. Die Innungsversammlungen wurden zur 'heiligen Feier' erhoben, Kritik und Widerspruch während dieser Treffen zum Vergehen an Volk und Führer erklärt. Man erwartete, daß *"jedes Innungsmitglied und Mitglied eines Ortsgewerbevereins, wenn es an einem SA- oder SS-Mann vorbeizieht, die Hand zum Deutschen Gruß erhebt."* Die Zeit brachte aber auch vielen kleineren Gemeinden die erste zentrale Trinkwasserversorgung und damit Hausanschlüsse. Reichszuschüsse ermöglichten in Arbeiter- und mittelständischen Haushalten den Einbau von Badegelegenheiten mit Kupferbadeofen, Gußbadewanne und Brause.

Was die nationalsozialistischen Planungskommissare großzügig als Köder für das Volk verteilt hatten, machte der 2. Weltkrieg wieder zunichte. Die wenigen Installateure, die während des Krieges das Glück hatten, nicht an der Front zu stehen, fanden in den Fliegerschaden-Einsatzkolonnen Aufnahme und sicherten zu Hause eine Mindestversorgung.

In den Nachkriegsjahren war das Sanitärhandwerk maßgeblich am Wiederaufbau der zerbombten Städte beteiligt. Innerhalb weniger Jahre schuf das Handwerk in Deutschland einen allgemeinen Sanitärstandard, der heute zu den höchsten der Welt zählt.

Bibliographie

Eine Auswahl aus dem Bestand des Hansgrohe Archivs für Bad- und Sanitärgeschichte Schiltach

AGRICOLA, GEORG: Zwölf Bücher vom Berg- und Hüttenwesen. Deutsches Museum. München 1928.

ARENDT, MAX: Die Geschichte der Berliner Klempner-Innung. Berlin 1927.

BAATZ, DIETWULF: Das Badegebäude des Limeskastells Walldürn. Berlin 1978.

BACHMANN, MANFRED: Der silberne Boden. Stuttgart 1990.

BARRACLOUGH, GEOFFREY: Neuer Historischer Weltatlas. München 1995.

BAUER, THOMAS J.: Von Kenneln, Kranen und Kesseln. Frankfurt 1998.

BECK, LUDWIG: Die Geschichte des Eisens. Braunschweig 1895.

BECKE, A.: Der Freiberger Bergbau. Leipzig 1985.

BEIELSTEIN, WILHELM: Die Wasserleitung in Wohngebäuden. Leipzig 1894.

BEIELSTEIN, WILHELM: Die Installation der Warmwasseranlagen. Weimar 1889.

BELIDOR: Architektura Hydraulika. Augsburg 1740.

BENDER, HERMANN: Rom. Leipzig 1995.

BERGMANN, JÜRGEN: Das Berliner Handwerk in den Frühphasen der Industrialisierung. Berlin 1973.

BÖHM, RICHARD C.: Das Gasglühlicht. Leipzig 1905.

BÖHMERT, VICTOR: Das deutsche Handwerk und die Zwangsinnung des Gesetzentwurfes, betreffend die Abänderung der Gewerbeordnung. Dresden 1896.

BOUSSE, ANTON: Die Fabrikation nahtloser Stahlrohre mit einer Einleitung über die Fabrikation geschweißter Eisenrohre. Hannover 1908.

BRANDT-MANNESMANN, RUTHILT: Dokumente aus dem Leben der Erfinder. Remscheid 1964.

BRESCH, ROBERT: Geschichte der Wasserversorgung der Stadt Straßburg. Straßburg 1931.

BREYMANN: Bau-Konstruktionslehre. Leipzig 1900.

BROCKHAUS (HRSG): Brockhaus' Konversations-Lexikon. Leipzig 1901-1904.

BUCHER, BRUNO: Mit Gunst. Aus Vergangenheit und Gegenwart des Handwerks. Leipzig 1885.

BUNDGEROTH, RUDOLF: 50 Jahre Mannesmannröhren. Berlin 1934.

Zeitungsinserat, um 1875.

BUSCHMANN, W.: Der Annaberger Bergaltar. Annaberg-Buchholz 1997.

COFFIN, MARGARET: American Country Tinware 1700-1900. Toronto 1968.

COGLIEVINA, D.: Theoretisch-praktisches Handbuch der Gas-Installation. Leipzig 1889.

DEUTSCHER METALLARBEITER-VERBAND: Statistische Erhebungen. Stgt 1907.

DEUTSCHER VEREIN VON GAS- UND WASSERFACHMÄNNERN: Hundert Jahre 1859-1959. München 1959.

DIDEROT: Encyclopédie.1852-1872.

DOERNBERG, STEFAN: Deutsche Geschichte. Berlin 1974.

EGGEBRECHT, ARNE: Das alte Ägypten. München 1984.

FARNSWORTH, BEATRICE: Early American Decorated Tinware. New York 1956.

FASSITELLI, LUCA: Roma. Mailand 1954.

FAY, C.H.: The Art of Lead Burning. New York 1912.

FELDHAUS, F.M.: Die Technik. Wiesbaden 1970.

FIETZ, WALDEMAR: Vom Aquädukt zum Staudamm. Leipzig 1966.

FLOS, ANNETTE: Wasserkunst und Wasserwerk. Hildesheim 1992.

FÖLSCH, AUGUST: Die Stadt-Wasserkunst in Hamburg. Hamburg 1851.

FRANK, FRIEDRICH: Skizzen zur Geschichte der Hygiene. Zürich 1953.

FRANZ, HEINRICH G.: Das alte Indien. München 1990.

FRONTINUS-GESELLSCHAFT E.V. (HRSG.): Die Wasserversorgung im Mittelalter. Bergisch-Gladbach 1991.

FUSCH, GUSTAV: Über Hypokausten-Heizungen und Mittelalterliche Heizungsanlagen. Hannover 1910.

GALLON: Die Kunst Messing zu machen, es in Tafeln zu gießen, auszuschmieden und zu Drähten zu ziehen. o.O. um 1770.

GATZ, KONRAD: Das alte deutsche Handwerk. Essen o.D.

GOEPPER, ROGER.: Das alte China. München 1988.

GRAHN, E.: Städt. Wasserversorgung im Deutschen Reich, sowie in einigen Nachbarländern. München 1899.

GRÖSSING, H.: Geschichte der Sprengler und Kupferschmiede. Wien 1986.

GROSSMANN, KARL: Die Geschichte der Klempner-Innung zu Dresden. 1929.

HABEREY, W.: Die Röm. Wasserleitungen nach Köln. Düsseldorf 1971.

HANSEN, JOST: Berlin am Wasser. Fotografien 1857-1934. Berlin 1993.

HANSGROHE (HRSG.): Badewonnen gestern heute morgen. Köln 1993.

Chronik der Deutschen. Dortmund 1988.

Die Chronik Berlins. Dortmund 1986.

HARMS, BERNHARD: Auguren Ahnen Aquädukte. Leer 1986.

HARTMANN, G.: Klempner, Kupferschmiede, Lampenfabricanten u. Gasbeleuchtung. Weimar 1848.

HEILIGMANN, K. u. J.: Röm. Badewesen in Südwestdeutschland. Stgt. 1995.

HENNE AM RHYN, OTTO: Deutsche Kunstgeschichte. Berlin 1892.

HENSOLDT, H.: Das Zunftwesen. Coburg 1840.

HOFMANN, KURT: Strukturwandlungen im Klempner- und Installateurhandwerk. Saalfeld 1935.

HROUDA, BARTHEL: Der alte Orient. München 1991.

JOHANNSEN, OTTO: Geschichte des Eisens. Düsseldorf 1925.

KINKEL, GOTTFRIED: Handwerk, errette Dich! Bonn 1848.

'Zimmer-Douche-Apparat': „Für kalte oder warme Ueberströmungen des ganzen Körpers in beliebig kräftiger Wirkung mit verschiedenen Badeformen, als: Rücken- und Unterleibs-, Regen-, Staub- und Voll-Douchen, sowie für einzelne Körpertheile eingerichtet. Dieses System dient nicht allein als vollständiges Bad zur Reinigung und Conservirung der Haut, sondern auch zur Abhärtung derselben gegen Einflüsse der Witterung. Durch Begünstigung des Stoffwechsels üben diese Art Bäder eine tief eingreifende wohlthätige Wirkung auf den menschlichen Organismus [...]."
Aus einem Zeitungsinserat der Firma Lipowsky, 1869.

Klass, Gert: Stolberger Zink. Die Geschichte eines Metalls. München 1963.

Klein, Walter: Bauten, Dächer, Handwerker. Bremen 1996.

Leipziger Klempner- und Installateur-Innung: Mit Gunst, Glück herein! Gott segne ein ehrbares Handwerk, Meister und Gesellen. Leipzig 1925.

Knapp, Ulrich: Das Kloster Maulbronn. Stuttgart 1997.

Koch, Erich: Die städt. Wasserleitung und Abwässerbeseitigung. Jena 1911.

König, Friedrich: Der praktische Röhrenmeister. Jena 1872.

König, Werner: dtv-Atlas zur deutschen Sprache. München 1994.

Kramer, Klaus: Das private Hausbad 1850-1950. Schramberg 1997.

Kraschewski, Hans-Joachim: Quellen zum Goslarer Bleihandel in der frühen Neuzeit. Hildesheim 1990.

Krebs, Werner: Alte Handwerksbräuche. Basel 1933.

Krell, Otto: Altrömische Heizungen. München 1901.

Kromer, Max: Wasser in jedwedes Bürgers Haus. Frankfurt 1962.

Krysko, Wladimir: Blei in Geschichte und Kunst. Stuttgart 1979.

Kugler, Jens: Das beste Erz. Haltern 1992.

Laer, Ernst von: Kupferhammer Grünthal. Leipzig 1937.

Landles, J.G.: Engineering in the Ancient World. Los Angeles 1978.

Leng: Vollständiges Handbuch für Klempner und Lampenfabrikanten. Weimar 1843.

Leobner, K.: Ueber das Mannesmannsche Röhrenwalzverfahren. Hamburg 1897.

Leupold, Jacob: Schau-Platz der Wasser-Bau-Zunft. Hannover 1991.

Lietzmann, K.-D.: Metallformung. Leipzig 1983.

Mannesmann AG: Ferrum. Düsseldorf 1964.

Mannesmann AG: Rohre gab es immer schon. Düsseldorf 1965.

Martin, J.: Das alte Rom. München 1994.

Matschoss, Conrad: Technik Geschichte. Berlin 1936 u. 1940.

Meyer, Ludwig: Kupferschmiederei Einst und Jetzt. Hannover 1914.

Modrow, Hans: Berlin 1900. 1936.

Müller, Winfried: Vom Schöpfbrunnen zum Wasserwerk. Stuttgart 1981.

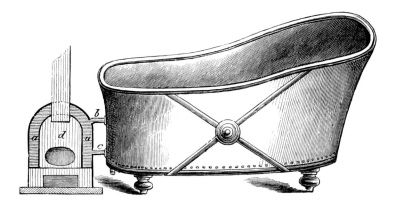

'Ulrich´s Zinkwanne mit kupfernem Heizofen': „Unter den zahlreichen Neuheiten, die den industriellen Fortschritt der letzten Jahre auf dem Gebiet der Badeeinrichtungen documentiren, darf die in der Abbildung dargestellte Construction umso mehr hervorgehoben werden, als dieselbe bei guter, ökonomischer Leistung infolge ihrer Einfachheit bei den anderen Systemen häufigen Störungen und Reparaturen nicht ausgesetzt ist. [...]" Aus einer Zeitungsnotiz um 1880.

Munck, F.: Meister bauen eine große Stadt. Berlin 1936.

Neuburger, Albert: Die Technik des Altertums. Leipzig 1919.

Opderbecke, Adolf: Der Wasserleitungs-Installateur. Leipzig 1910.

Otto, E.: Das Deutsche Handwerk. Leipzig 1938.

Pemp, Rudolf: Drei Wasserhebewerke Pompejis. Würzburg-Aumühle 1940.

Plunkett, H. M.: Women, Plumbers, and Doctors or Hausehold Sanitation. New York 1885.

Raetz, Theodor: Handbuch für Klempner. Weimar 1876.

Rasselstein A.G.: Rasselstein. Neuwied 1985.

Rein, Berthold: Der Brunnen im Volksleben. München 1912.

Reith, Reinhold: Lexikon des alten Handwerks. München o.D.

Rode, A.: Vitruv-Baukunst Zürich 1987.

Samesreuther, Ernst: Römische Wasserleitungen in den Rheinlanden. o.O.1937.

Saupe, F.: Geschichte des Verbandes der Kupferschmiede Deutschlands. Berlin 1911.

Schiffner, Carl: Alte Hütten und Hämmer in Sachsen. Stuttgart 1960.

Schlick, Gerhard: Ventile in unserem Leben. Würzburg 1978.

Schloemann AG: Von Walzwerken, Hämmern und Pressen. Düsseldorf 1951.

Schmidt, Ch.H.: Klempner, Kupferschmiede, Lampenfabricanten und Gasbeleuchtung. Weimar 1845.

Schmidt, Martin: Die Wasserwirtschaft des Oberharzer Bergbaues. Bergisch-Gladbach 1992.

Schnapauff, Johann: Frühe Wasserversorgung. Frankfurt 1977.

Schriftenreihe der Frontinus-Gesellschaft e.V.: Nr. 1 - 22. Bergisch-Gladbach 1977-1997.

Schütt, Ernst Christian: Die Chronik Hamburgs. Dortmund 1991.

Spiridonov, Alexander: Kupfer in der Geschichte der Menschheit. Leipzig 1982.

Sprandel, Rolf: Das Eisengewerbe im Mittelalter. Stuttgart 1968.

Stahl- und Walzwerke Rasselstein: 200 Jahre Rasselstein. Neuwied 1960.

Stevens Hellyer, S.: Plumber and Sanitary Houses. o.O. 1887.

Stölzel, Karl: Gießerei über Jahrtausende. Leipzig 1982.

Töpfer, Carl: Der Gasschlosser der Neuzeit. Leipzig 1905.

Uffelmann: Die öffentliche Gesundheitspflege im alten Rom. Berlin 1881.

Voigt, Andreas: Untersuchungen über die Lage des Handwerks in Deutschland. Leipzig 1895.

Rohrscheidt, Kurt: Vom Zunftzwange zur Gewerbefreiheit. Berlin 1898.

Wagenbreth, Otfried: Bergbau im Erzgebirge Technische Denkmale und Geschichte. Leipzig 1989.

Weissenfels: Zwölf Klempner. Leipzig um 1890.

Wissel, Rudolf: Des alten Handwerks Recht und Bewohnheit. Berlin 1929.

Wölfel, Wilhelm: Das Wasserrad. Berlin 1987.

Wölfel, Wilhelm: Wasserbau in den alten Reichen. Berlin 1990.

Installateur-Lehrling übt Rohrgewinde schneiden, um 1920.

Abbildungsnachweis

ACALUSO, BLUMBERG: Seite 229

ARCHIV FÜR KUNST UND GESCHICHTE, BERLIN: Seite: 22, 29 (u.).

ANTIQUARIAT GEBR. HAAS, BEDBURG-HAU: Seite 106, 116, 143, 173.

BADISCHES LANDESMUSEUM, KARLSRUHE: Seite 14.

BAGGE, W., BARNSTORF: Seite 214, 219, 234, 246.

BERGBAUGESCHICHTLICHE SAMMLUNG DER BERGAKADEMIE FREIBERG: Seite 19, 97.

BILDARCHIV PREUSSISCHER KULTURBESITZ, BERLIN: Seite 28 (u.), 29 (o.), 31, 50 (u.), 59, 90, 160.

BRIT. MUSEUM, LONDON: Seite 12, 45 (o.).

DEUTSCHES BERGBAUMUSEUM, BOCHUM: Seite 18.

DEUTSCHES MUSEUM, MÜNCHEN: Seite 37.

GERMANISCHES NATIONALMUSEUM, NÜRNBERG: Seite 114.

GOCKEL, BERND, HANAU: Seite 41, 48.

GREWE, KLAUS, SWISTTAL: Seite 40, 46 (u.), 47 (u.), 49, 62.

HANSGROHE ARCHIV FÜR BAD- UND SANITÄRGESCHICHTE, SCHILTACH: Seite 10, 20, 26, 36, 34 (u.), 35 (o.), 36 (u.), 38 (o.), 39 (o.), 43, 44, 52, 53 (u.), 54 (o.), 55, 56, 57, 59, 60, 72, 73, 75, 77, 81, 82 83, 92, 93, 99, 100, 101, 108, 117, 127, 128, 129, 131, 132, 134, 136, 137, 139, 140, 141, 142, 144 (r.), 146, 147, 148, 149, 151, 153 (u.), 155 (o.), 156, 158, 159, 162, 163, 164, 165, 166, 167, 169, 170, 176, 179, 180, 181, 182, 183, 192, 193, 199, 200, 201, 203, 204, 205 (o.), 207, 208, 210, 212, 213, 215, 217, 235 (u.), 237, 238, 239, 240, 242, 244.

HEIMATMUSUEM, REUTLINGEN: Seite 74.

HIRMER VERLAG, MÜNCHEN: Seite 27.

JANSEN, MICHAEL, AACHEN: Seite 34 (o.), 35 (u.), 36 (l.).

KLEIN, WALTER, DELMENHORST: Seite 111.

KRAMER, KLAUS, SCHRAMBERG: Seite 23, 30, 32, 33, 38 und 39 (u.), 45 (u.), 46 (o.), 53 (o.), 61, 63, 64, 65, 66, 67, 68, 76, 79, 80, 84, 85, 86, 87, 88, 89, 91, 96, 104, 109, 115, 138, 150, 153 (o.), 157, 158, 161, 172, 174, 175, 178, 184, 185, 186, 187, 188, 189, 191, 194, 195, 196, 197, 198, 202, 221, 223, 225, 226, 227, 228, 230, 231, 232, 233, 235 (o.), 236.

LOTOS FILM, KAUFBEUREN: Seite 13, 24, 25, 50 (o.).

LOUVRE, PARIS: Seite 15.

MANNESMANN-AG, DÜSSELDORF: Seite 144, 145, 205 (u.), 206.

RASSELSTEIN HOESCH GMBH, ANDERNACH: Seite 119, 155 (u).

PETROLIERI D'ITALIA, MILANO: Seite 47 (o.), 50 (m.), 51, 54 (u.).

SÄCHSISCHE LANDESBIBLIOTHEK, DRESDEN: Seite 154.

SAIGERHÜTTE, OLBERNHAU: Seite 135.

SCHUBERT, A., SCHÖNHEIDE: Seite 118, 171.

STAATLICHE KUNSTSAMMLUNGEN, DRESDEN: Seite 94, 103.

STAATSARCHIV DES KANTONS BASEL-STADT: Seite 70.

STADTARCHIV NÜRNBERG: Seite, 78, 112, 113, 168.

STADTMUSEUM BERLIN: Seite 177.

STADT- UND WALLFAHRTSMUSEUM, WALLDÜRN: Seite 58.

TIROLER LANDESMUSEUM FERDINANDEUM, INNSBRUCK: Seite 98.

TRINITY COLLEGE LIBRARY, CAMBRIDGE: Seite 71.

Hansgrohe macht das Bad zum Thema

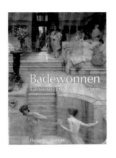

BADEWONNEN
gestern·heute·morgen

Mit Textbeiträgen von Michael Armer, Ulrika Kiby, Klaus Kramer und Erich Küthe
Großformat 23,5 x 30,5 cm, 184 Seiten, durchgehend farbig illustriert
Herausgeber Hansgrohe, erschienen im DuMont Buchverlag, Köln
ISBN 3-7701-3244-0   DM 58,- (im Hansgrohe Museum, Schiltach)

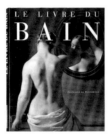

LE LIVRE DU BAIN
von Françoise de Bonneville
Format: 25 x 31 cm, 200 Seiten, durchgehend farbig illustriert
Erschienen bei Flammarion, Paris, in Zusammenarbeit mit Hansgrohe
ISBN 2-08-201860-1 (in französischer Sprache)

Deutsche Ausgabe von LE LIVRE DU BAIN:
DAS BUCH VOM BAD
von Françoise de Bonneville
aus dem französischen von Christiane Landgrebe
Format: 25 x 31 cm, 220 Seiten mit 230 Farbabbildungen
Erschienen im Wilhelm Heyne Verlag, München
ISBN 3-453-13795-7   DM 98,- / öS 715,- / sFr 89,-

Hansgrohe Schriftenreihe Band 1
DAS PRIVATE HAUSBAD 1850–1950
und die Entwicklung des Sanitärhandwerks

Texte und Materialien zur Ausstellung im
Hansgrohe Museum Wasser·Bad·Design, Schiltach/Schwarzwald
von Klaus Kramer
Format: 21 x 21 cm, 84 Seiten mit 114 Abbildungen
ISBN 3-9805874-0-1   DM 22,-

Wo sich Geschichte, Wasser- und Badkultur treffen:

Das **Hansgrohe Museum Wasser · Bad · Design** finden Sie in **D-77761 Schiltach, Auestraße 10** (gleich neben dem Stammwerk Aue von Hansgrohe).

Das Museum ist **täglich von 11:00 bis 16:00 Uhr** geöffnet.

Gruppenführungen sind auf Anfrage möglich:

Telefon (0 78 36) 51 12 08

oder (0 78 36) 51 12 97